暦ものがたり

岡田芳朗

角川文庫
17557

暦ものがたり　目次

はしがき

私達の社会にとって「暦」は欠くことのできないものである。暦は今日が何月何日何曜日であるかを知らせ、ある事柄から今日までの時間の経過を教え、またこれからの計画を立てたりある行事を催したりするための日数を示してくれる。

ところで、「暦」という言葉には太陽暦とか天保暦というように暦法を指す場合もあるし、年・月・日・曜あるいは時刻までを含む暦のシステム全体を表現する場合もあるが、いちばん身近には壁に貼《は》ってあるカレンダーや机上に置かれた一冊の今年の暦書のことである。本書では他と区別する必要があるときはこのような種類の「暦」を「頒暦《はんれき》」と書くことにした。

頒暦は人々が生活のよりどころとして日常に使用するものであり、そしてその年が終れば古暦《ふるごよみ》としてその存在価値が失われ棄《す》てられるものである。それ故に古暦は無用のものという代名詞であるが、たまたま残された古暦は、その暦が作られ用いられた時代の生証人であり、一巻あるいは一冊・一枚の古暦はそれを手にした人物の一年の生活の喜怒哀楽をうかがわせてもくれる。ことに古暦のなかに日記やメモが書かれているものはその感が強い。

本書では各時代の暦とその暦を産んだ社会背景を物語ることによって、日本人と暦のふれ合いの深さを理解してもらおうという意図で筆を起したが、浅学非才のため充分目的をはたすことができたかどうか。読者諸賢の意にそわない点があれば御寛恕《かんじょ》を乞う次第である。

一九八二年盛夏

著者

一章　暦のあけぼの

「正歳四時を知らず」

有名な『魏志倭人伝《ぎしわじんでん》』のなかに、倭人の暦について「其俗正歳四時を知らず、但春耕し秋収むるを記して年紀と為す」という記事がある。もっとも、この文は本文ではなく著者陳寿《ちんじゅ》と同じ頃の魚豢《ぎょけん》が著した『魏略』から、五世紀の人裴松之《はいしょうし》が註として引用したものである。

経過が多少複雑であるが、『魏志倭人伝』が成立した頃の中国の知識人が日本人の暦習慣について理解していた内容を述べたものであることには変りがない。もともと『魏志倭人伝』は『魏略』をもとにして書かれたもので、『魏略』に少し遅れて同じ三世紀に成立したと考えられている。

この記事によると、当時の日本人は「正歳四時」は知らないが、「春耕し秋収むるを記して年紀と為す」習慣であったことが知られる。これは一種の農業暦を使用していたことを物語っている。

「正歳四時を知らず」と指摘されているので、当時の日本人はいかにも野蛮未開の状態にあるように感じられるが、魏の官人達がいう正歳四時の意味を考えてみる必要がある。

中国では非常に早い時代から天文学や暦法が発達した。殷墟《いんきょ》の発掘によっても幾多の暦法資料が発見されており、それによると、一か月は三十日で、それを上中下の十日ごとの旬に分けていたことや、ある年は十三か月あって、実際の天行に合うように工夫されていたことが分る。その後、春秋・戦国時代になると暦法がいちじるしく進歩して、太陰太陽暦のシステムがほぼ完成するに至った。それ以後の中国天文学は暦をより精緻《せいち》にするために発達したといってよく、年を追って暦法に改良が加えられた。

中国の太陰太陽暦は漢以後大体立春の前後に年首が来るように定められ、平均三十三か月に一回の割で二十九日か三十日の閏月《うるうづき》を挿入して、太陽の運行と合うように工夫されていた。また一年十二か月は三百五十四―五日で、毎年暦日と季節とが十一日程喰い違うため、実際の季節を示すために二十四節気が用いられた。二十四節気は一太陽年つまり三百六十五日と約四分一日を二十四等分したもので、その間隔は十五日と四分一日弱である。二十四節気は観測し易い冬至《とうじ》から始めるが、年首は極寒の立春の前後に定められるようになった。これが夏暦の正月、つまり正歳であり、四季を立春から春、立夏から夏、立秋から秋、立冬から冬と定めたものが四時である。これが中国暦の基本であり、漢以後の歴代王朝がこのルールに従った。

中国では観象授時、つまり天体を観測して正しい時＝暦を民に授けることが帝王の任務であり特権であるとされたところから、歴代王朝は暦法の改良整備に力を入れた。当然一王朝の間にも改暦があり、また王朝の更替にともなって新しい暦法が制定された。年首の決定も本来帝王の権限に属したから、事実上は前例に従ったわけだが、あえて変更する場合もあった。したがって、「春王正月」という表現も生じるわけで、暦月により正月、二月、三月を春、四月、五月、六月を夏、七月、八月、九月を秋、十月、十一月、十二月を冬とする四季とともに、実際の季節を示す二十四節気に従って、立春から春、立夏から夏……とする四時も用いられた。

さらに、年紀を数えるのに古くから六十干支《ろくじゅうかんし》が使用されたが、漢の武帝以来は年号が制定され、時空を支配する帝王の権威がさらに明瞭《めいりょう》に示されるようになると、ある王朝の制定した年号を遵守《じゅんしゅ》し、暦法を用いることが正朔《せいさく》を奉ずること、すなわち臣従することの証《あか》しとされた。

漢代の暦

このような伝統的な中国の暦制を守ることが魏《ぎ》の官人の眼から正歳四時を知ることであって、それが文明社会の目安とされたのである。ところで倭人《わじん》は漢以来中国に属し、倭王はすでに魏に臣従しているのだから、魏の年号を使用せず、魏の暦法を遵守しないことは不届き極りない行為であった。「其俗正歳四時を知らず」という表現の背後には、侮蔑《ぶべつ》と叱責《しっせき》の意が含まれていると思われる。

倭人の年紀

では倭人は正歳四時に替わるいかなる方法によっていたかといえば、それは春耕し秋収めることにより年紀を立てる方法であり、これは自然暦が行われていたことを物語っている。動物・植物の動静や、山々の残雪や気象の変化によって春の訪れを知り、農耕が開始され、秋に至って作物の熟するのを待って刈り入れる生活であり、そのサイクルをもって年を数えるというのである。

したがって、決った年首もなく、毎月の呼称も順序も確定していないと考えてよいだろう。このような自然暦は今日でも近代化されていない人々に使用されている。たとえばフィリッピンのルソン島の山岳民族ボントク・イゴロット族の間では、次のような自然暦が行われていた。

一、イナナ（米田の仕事がなくなる月）　三か月

二、ラトゥブ（最初の収穫）　四週間
三、チョオク（米の大部分の収穫）　四週間
四、リバス（パレイの収穫終了）　十—十五日
五、バリリング（キャモークの植え時）　六週間
六、サガンマ（米の苗床が作られる）　二か月
七、パチョング（種蒔き）　五—六週間
八、サマ（苗を植える）　七週間

（山崎末彦著『原始民俗の心性と習俗』による）

このような自然暦では、一年は空白の期間があって完全に循環するものではない。各季の長さは一定ではなく、長短さまざまである。おそらくは、何月何日という数え方は存在しないであろう。この種族は山を開いた棚田の水稲や薯《いも》などの耕作によって生活しており、暦はそれらの作物の生育に基づいて形成されている。したがって、別の作物の耕作を主体としている人々は、別の暦を用意しなければならないわけである。

一方、倭人は前二世紀頃から水稲の耕作を主体としていた。水稲の北限界に近い我国では、気候の変化に相当の注意を払わないと収穫の多寡に強く影響する。場合によっては収穫皆無の危険すらあるといえよう。したがって、農耕の「ふし」「ふし」を知ることに敏感であったものと思われる。なかでも、農耕の開始の時期はその年の収穫を左右する最も

大事な時期であるから、最大の関心を持ったはずであり、それがまた一年の始め、つまり年首であったと考えられる。

農耕の時期は栽培する作物やその地方の気候に左右される。弥生《やよい》時代以降、日本人の主要作物が水稲となっていたと考えられるから、中心になる要素は地方ごとの気候の差である。水稲耕作が北九州地方に限定されていた頃には、集落間での暦にはさほど大きな相違がなかったであろうが、水稲耕作の地域、したがって弥生文化の地域が広散するに従って、地方ごとの暦のずれが次第に大きくなって行ったはずである。

各地の気候のずれが、農耕の開始の時期や水稲の成育に応じて必要なさまざまな農作業の始期や期間を変えて、それにともなって年間の各種の行事の時期や期間が変化していくわけである。

このことはアイヌの暦を例にとってみると理解しやすいだろう。

村尾元長が明治二十五年に著した『あいぬ風俗略志』にアイヌの暦が紹介されている。それによると十勝《とかち》山中のアイヌの十二か月は次のように呼ばれている（陰暦の月による）。

正　月　トイン　タンネ　　長日の義「イノミチュプ」というと吾人の幸福を神に祈るの義

二　月　ハプラプ　チュプ　　鳥出て啼《な》く月

三　月　モ　キウタ　チュプ　　始《はじめ》て草根を掘る

四月　シキウタ　チュプ　多く草根を掘る
五月　モマウタ　チュプ　始て玫瑰《はまなす》を取る
六月　シマウ　タ　チュプ　多く玫瑰を取る
七月　モ　ニヨラプ　チュプ　木葉始て落つ
八月　シ　ニヨラプ　チュプ　木葉凋落
九月　ウンボクチュプ　蹠《あしうら》始て冷
十月　シュナン　チュプ　草火にて鮭を取る
十一月　ク　エ　カイ　弓折る（熊を屢々取る為に）
十二月　チウ　ルプ　チュプ　急潮（又甚寒）

著者は慧眼《けいがん》をもって、この暦がアイヌ古来のものではなく、和人の暦の影響によって成立したものであると見抜いている。たしかに月名からうかがえるように、ある自然現象は正確に一か月の長さを持っているわけではなく、もともとは、ある「月」は三十日よりも短く、ある「月」は一か月よりも長かったと思われる。

アイヌの古い暦ではすでに紹介したボントク・イゴロット族の暦のように長短さまざまな「月」が不連続に配置され、そして一年は完結循環するものではなかっただろう。

北海道アイヌの居住地域は広大で、地域ごとの気候の差は大きい。したがって自然現象を基にして展開される自然暦では、月名の基本となる自然現象が相違すれば月名も違ってくるし、仮りに同一の名称を用いた場合にもその時期にずれが起きる。道南のアイヌが新年を祝ってから一か月以上も遅れてからでないと道北のアイヌは新年を迎えることができない。このことは北海道の地域の違いによる気候の差をそのまま反映しているわけである。

一か月の長さが平均されるようになったのはずっと近世になってからであろうし、和人の使用している暦の影響によるものとする推測は多分に可能性の強いものである。

トインタンネ（チュプ）は「日がそこから長くなる月」の意であり、イノミチュプは「祝い月」のこととも解されている。ハプラプチュプは別に「樹皮（アッシを作るオヒョウの皮）をはぐ月」とも「木の葉の開く月」とも呼ばれる。「モ　キウタ　チュプ」はヒメイズイを取り始める月であり、「シ　キウタ　チュプ」はそれを盛んに取る月である。「モマウ　タ　チュプ」の玫瑰はハマナスであり、別に「鮭の来る月」とも呼ばれる。「ウンボク　チュプ」は足の裏が冷くなる月の意である。「シュナン　チュプ」は草火をたいまつとして遡行《そこう》してくる鮭《さけ》を取る月という意味である。「ク　エ　カイ」の弓折るは「弓が折れるほど狩をする月」ということである。「チウ　ルプ　チュプ」は「海が凍る月」ともいわれる。

また「ホルカバ」という閏月があるが、これは「後戻りの月」という意であるが、このことはアイヌ社会に太陰太陽暦の知識が入ってから発生したものである。

弥生から古墳時代の暦

そこで弥生時代から古墳時代にかけての倭人の暦がどんなものであったかを考えてみたい。水稲耕作を主体とする社会では、当然水稲の成育に応じて暦が形成されたものと思われる。それは、動物・植物の季節的変化や雨や風やその他の気象的変化を組み合わせたものであっただろう。水稲栽培の北限界に近い我国では、自然の遷《うつ》り変りに敏感にならざるをえなかった。

一年は、土地を耕す頃、もみをまく頃、苗代を作る頃、田植の頃、稲の成長する頃、開花の頃、実を結ぶ頃、収穫の頃など長短さまざまの「月」から構成され、それに豊作を神にいのる祭（年首）と収穫を感謝する祭（年末）が加えられたものと考えられる。

これらの時期は、水稲耕作が北九州から始められた初期の段階では、ほぼ一致していただろうが、水稲耕作の地域の拡大にともなって、次第にずれが大きくなっていったものと思われる。それが自然暦の当然のなりゆきであった。

自然暦の系譜はその後いつまでも続くことになる。日本のように国土が南北に細長く、ほとんど亜寒帯から亜熱帯にまで及び、高山から海浜にまでまたがり、太平洋側と日本海側との間で気候の大きな差違がある場合には、国家が統一されて全国共通の政治的な暦が行われるようになってからも、実生活には土地の実情に合った自然暦が必要であったわけである。

自然暦の時代には農耕の各段落の開始を村の長が司《つかさど》ったと思われる。『倭人伝』に記載されている国々は、数か村からせいぜい数十か村を集めた程度と想像されるから、国の首長が全体の「暦」を統括していたとも考えられる。

水稲耕作を中心とする農耕社会では、農耕のための水利や暦を司るものが首長であるから、倭人の国の首長達はすでに暦を支配する「日知り＝聖」であったと思われる。

これらの倭人の小国家を緩い形で連合してその首座にあった邪馬台国《やまたいこく》の女王卑弥呼《ひみこ》は、一方では神を祭るシャーマンであった。少なくとも邪馬台国の暦を支配する点では、他の小国家の首長達と同じであったであろう。

卑弥呼の司る暦も他の小国家の暦も自然暦という点では同一であっても、地域的な小異が存在したことであろう。また邪馬台国の優越性が高まるにしたがって、邪馬台国の暦が基準的な性格を帯びてきたことも予測される。

邪馬台国や小国家の首長達が中国と交渉を持つようになり、中国暦の知識が入って来ることがあっても、社会情勢が中国暦に関心を持つところまで至っていないため、彼らの司る自然暦に中国暦が影響することはまずなかったであろう。したがって、中国人知識階級の人々の眼には依然として倭人は「正歳四時」をわきまえぬ未開人として映ったのである。

のちに述べるように、六世紀には中国の完備した暦法が伝えられるが、それまでの間日本人は依然として自然暦だけをたよりに生活していたのだろうか。

近年話題になった埼玉県行田市稲荷山《いなりやま》古墳出土の剣には「辛亥年《しんがい》」の紀年銘があり、これは西暦四七一年に当てる説が有力である。もっとも他に、五三一年や四一一年とする説もあるから、年代の確定はまだ先のことになるだろう。

また、和歌山県五条市の隅田《すだ》八幡宮所蔵の鏡銘には「癸未《きび》年八月日十大王年男弟王在意柴沙加宮時……」とあって、これにも西暦四四三年、五〇三年などの説がある。この他にも中国の紀年銘を持った剣や鏡が舶載されて来ている。

これらのことから、かなり早くから中国風の紀年法、つまり年号や六十干支によって年を数えること、あるいは中国式の暦の知識などが伝えられており、始めのうちは朝鮮半島から渡来した人々「帰化人」によって使用されていたらしいことがうかがわれる。

しかし、これらと別の面からも日本人が自然暦の段落から一歩前進していたことを想像させるものが、五世紀前半頃から造営された巨大古墳の存在である。

巨大古墳のなかでも最大の仁徳陵《にんとくりょう》の場合には、長径（主軸）約四八〇メートル、後円部の横径約三〇〇メートルに及び、その土量だけでも厖大《ぼうだい》なものである。考古学者達の計算によると一四〇万五八六六立方メートルとなり、動員された人民の数は延べ百四十万人余で、一日千人を動員して四年近くかかり、仮りに五トン積のトラックで運べば五十六万三千台が必要と推定されている。

仁徳陵には無数といってよい埴輪《はにわ》が周囲を周っており、これの生産や運搬、想像される巨大な石室や石棺の用材の採石、加工、運搬、さまざまの副葬品などの問題がある。

仁徳陵の主人公が本当に仁徳天皇（オオサザキノミコト）であるかどうかは別として、とにかく、広大な領土と厖大な人民を統治し君臨した人物の陵墓であることには間違いない。仁徳陵の造営には永年にわたって、広範な地域から多数の人民が組織的に動員されたわけで、このような大規模の動員計画には統一された暦が必須であったと考えられる。

仁徳陵と同じような古代の大造営工事、たとえばエジプトのピラミッド、メソポタミアのバベルの塔、中国の皇帝陵や長城などの建設には、完備した暦の国家権力による運用が欠くことのできない要素であった。

『旧約聖書』には神の怒りによって、人々の言葉が乱されたため塔が完成できなくなったと述べられているが、古代の大工事には被征服民族や奴隷が使役されるのが通常だから本来言語の相違などはそれほど大きな問題ではない。しかし、統一された暦がなければいかなる大工事も実現しなかったであろう。

日本独自の統一暦があったか？

では仁徳陵の頃の日本人はどんな暦を使っていただろうか。勿論《もちろん》、農耕を中心とする実生活には自然暦が主流をなしていたはずである。しかし、それとは別に地域社会を超えた国家による政治的な、統一的な暦があったはずである。すでに中国暦についての多少の知識が入っていたと思われるから、それは朔を月初として満月が十五日頃に当るように工夫され、二十九日の小の月と三十日の大の月を交互に配分したものであろう。政治暦と実際の季節との調和は三十三か月に一回の割で閏月《うるうづき》を挿入することで満足させられる。もっとも、中国式に朔をもって月初としたかどうかについては多少疑念が残る。朔というのは太陽と月とが同じ方向にある時である。つまり両者の黄経が一致するということだが、これは天文についての知識がないと理解しにくい事柄であるから、実際には日没の頃西天に月が望見できる二日か三日でないと新しい一か月が始まったと認識しにくいものである。

我国では古くは「月生幾日《つきたち》」というように日を数える習慣があったが、この「つきたち」という語は、中国の月建——したがって朔を月初とする——から発生したとも考えられ、事実文献に現われる使用例は朔を基準にしているのだが、一方語感からすると実際に月を望んだ日を基としているように考えられる。

したがって、「つきたち」という語は、初めは実際に新月が望みえた日を指していたが、後に中国暦の朔という思想が導入されるようになってから、一両日繰り上げられて朔を指すようになったと考えることができる。今日我々が文献で知ることのできる「つきたち」の例は、いずれも第二の段階のものである。

そういうわけで、巨大古墳が造営された頃の一か月が朔からか新月からか、どちらから数え始めたかについて簡単に判断を下すことができない。しかしながら、自然暦とは別個の存在として用いられた政治上の暦が誤りなく各地で運用されるためには、日付の数え方などがあまり各地の習慣とかけ離れたものであったとは考えられない。

大王から各地の首長などに頒《わけ》られる暦もそれほど詳しいものではなかったであろうから、毎月の月初の取り方が暦の運用の上で最も重要な点であったと思われる。そのためには、高度の知識を前提とする朔ではなくて、新月の出現をもって月初とする方がより安全である。それによって大王から頒布された暦の正しい運用が行われ、今日が何月の何日であるかを知ることができたと想像される。

そこで、大王に従属していた各地の首長達にはどんな形の暦が配られていたかを考えてみなくてはならない。文字の使用が一般的ではなかった時代には、文字に替るべき記号が用いられる。それは必ずしも何らかの筆材に書かれている必要はない。

想像されるもっとも可能性の高いものは結縄によるものであろう。これは江戸時代に南部領田山（現在岩手県八幡平市）で作られた田山暦の図柄からヒントを得たものだが、一本の縄を中程で折って、それを適当な間隔で結ぶと、結び目の大小や結び目の間隔の長短で月の大小を示すことができる。閏月があれば、その箇所だけ特別な結び目を作ることによって閏月を明示することができる。

縄の材料はどこにでも得られるし運搬が容易だから、この方法はきわめて簡便でしかも正確なものである。結縄法というと近世沖縄のそれが著名だが、暦の場合沖縄のものほど複雑である必要はない。

ところで、中国暦が六世紀に渡来する以前に我国では冬至《とうじ》を年首とする暦法が発達していたという考えがある。なるほど、一年で一番昼が短く、太陽の位置が低くなる結果陽の影がもっとも長くなる冬至は、天体観測によって暦の基点を求めるにもっとも好都合な時であり、中国暦の二十四節気なども冬至を基点としているほどである。

また、陽光が次第に弱まり、冬至を極点としてまた強まって行くところから、生命の根源である太陽の衰弱と死と復活という信仰の発生もうなずけるところである。

しかしながら、緯度のそれほど高くない日本では、冬至の現象は高緯度地方ほど顕著ではないし、気象のうえからみると、極寒の時期はその後に訪れるのであって、冬至の頃の気温はそれほど低くなく、春分の頃とほとんど同じである。

冬至は暗く陰鬱《いんうつ》な寒い冬の前ぶれと感じられたであろうが、太陽の死と復活というようなドラマチックな現象とは考えられなかったであろう。日本人が冬至を信仰的な面から重視するようになったのは、かえって中国暦の知識が普及してからではあるまいか。

このように日本人が春分の頃から始まり霜の降る頃に終る自然暦の一年と、立春正月に始まり完全に一年が循環する暦の一年と二重の暦を持つようになったのはかなり早い時代からであったと考えられるのである。

二章　暦と政治

「暦日の始用」

中国の歴代王朝は「観象授時」をもって帝王の責務とする観点から天文学とそれに基づく暦法の進歩改良に努めた。その結果しばしば改暦が行われた。改暦は王朝の交替にともなって政治的角度から実施されることもあった。これは正朔《せいさく》を授けることが支配者の特権であるという伝統的な思想によるものである。

中国に隣接する朝鮮半島の諸王朝は中国の文化的恩恵を直接受けるとともに、政治的軍事的影響をも強く受けることが多かった。中国北朝と結んだ高句麗《こうくり》や新羅《しらぎ》の圧迫から逃れるために南朝劉《りゅう》氏宋《そう》に朝貢した百済《くだら》が、宋の正朔を奉じて宋の年号を用い、宋の暦法である元嘉暦《げんかれき》を行ったのは、このような立場を物語るものである。

我国の場合は、遠く卑弥呼《ひみこ》や倭《わ》の五王の時代はともかく、国史が明確になってからは中国文化の恩恵を受け、間接的に中国との外交関係を内治外政に利用することはあっても、その正朔を奉じることはなかった。

中国で制定された暦法を用いながら、その正朔を奉じて臣従することはないという、東亜においては違例の状態は、おそらく他の国々からは奇異の目をもって見られたであろう事柄だが、永い間日本人には何の不思議とも感じられず続けられた。

先に述べたように、我国で中国式の太陰太陽暦を模倣《もほう》して使用し始めたのはごく古いことであるが、日進月歩とまでいかなくても、時代を追って改良され精緻《せいち》となった中国暦法を習得して、独自に毎年の暦を編纂《へんさん》するようになるにはかなりの時間が必要であった。『日本書紀』欽明《きんめい》天皇十四年（五五三）六月条に、百済に対してかねてより医博士、易博士、暦博士等を交替で来日させているが、交替の時期に当っているので交替させたい。また卜書《ぼくしょ》、暦書と種々の薬物を送ってほしい、という勅を載せており、これによって翌年二月に暦博士固徳王保孫《ことくおうほうそん》等が来日している。

この頃、軍事同盟的関係にあった百済を通じて大陸文化の摂取に努めていた我国は百済行用の元嘉暦を採用していたが、毎年の編暦は交替で来日する百済の暦博士によって行われており、一方暦書（こよみのためし）を求めて独自学習を目指していたようである。百済にしてからが中国の暦法をそのまま用いているわけで、自からの手で新しい暦法を編み出したわけではない。しかるべき暦書によって算術計算をするだけで年々の頒暦《はんれき》が作製されるわけである。それは純粋に机上の作業であって、天体観測を必然とするものではなかったはずである。とはいうものの、編暦には多少の暦法的専門知識と計算技術の習得が必要であったから、一挙に日本人の手による頒暦編纂の実現を見るわけにはいかなかった。百済暦博士による頒暦編纂は推古《すいこ》朝まで継続したのである。

推古天皇十年（六〇二）に百済から僧観勒《かんろく》が来朝し、暦本・天文地理・遁甲《とんこう》方術の書を貢じた。そこで書生三、四人を選んで観勒について学習させたが、陽胡史《やこのふひと》の祖である玉陳《たまふる》が暦法を、大友村主高聡《おおとものすくりこうそう》が天文・遁甲を、山背臣日立《やましろのおみひたて》が方術を学んでいずれも業を成したと『日本書紀』は伝えている。

観勒の将来した学術は暦法を除いては陰陽五行説に立脚したマジカルな要素を持ったもので、今日では迷信と片付けられてしまうものだが、当時としてはいわば宇宙科学全般というべきもので、これらに通暁した観勒は百済にとっても最も重要な人材であったであろう。このような人物を日本に派遣したことは、百済が日本との外交・軍事関係の継続強化を重視したからに他ならない。観勒はその後我国仏教界の重鎮として僧侶《そうりよ》の自治的統制機関の長である僧正に任命されている。

さて、このように観勒の指導のもとに帰化人の子孫である玉陳が初めて暦法を学び頒暦の編纂ができるようになった。この時習得した暦法は百済行用の元嘉暦であった。平安時代に成立した『政事要略』には「儒伝に云う」として、推古天皇の十二年正月戊申《つちのえさる》朔日に始めて暦日を用いたと記している。『儒伝』という記録は今日伝えられていないので、どんな性格のものか分からないし、この年の正月朔日《ついたち》は戊申ではなく戊戌《いぬ》である。このようにあまり確信のおける記事ではないが、前後の事情から推古天皇十二年「暦日始用」ということはある意味で考えられる事柄である。

この推古天皇十二年の干支は甲子《きのえね》で、この年には憲法十七条が制定されており推古天皇の治世の中でも最も重要な年の一つであった。前年制定された冠位十二階は我国における冠位・位階制度の嚆矢《こうし》とされるものであるが、実はこの年正月朔日を期して実施するためにその準備期間を考慮して前もって規則が定められたので、冠位十二階の実施と憲法十七条の制定は同じ年のことと理解すべきなのである。

聖徳太子と暦

この両事件とも皇太子として万機を摂政した聖徳太子《しょうとくたいし》によって行われている。聖徳太子は隋《ずい》と国交を開き対等の外交関係を保持して内外に国威を発揚しようと努めるかたわら、大陸文化を積極的にとり入れて我国の文化や政治制度を国際水準に達するよう種々の政策を推進した。たとえば、太子の仏法興隆はもとより太子自身の深い信仰心に基づくものではあるが、一面大陸文化の導入や仏教を通じての国際交流という面を持っており、我国の国際的地位の向上にはたした役割は大きなものがあった。

その太子は仏教とともに中国古来の陰陽五行説に強く傾倒していた。冠位十二階は五行思想に説かれる五つの徳目（仁礼信義智）にそれを総括するものとして「徳」を加えたものであるし、それぞれの衣服の色も五行思想に基づいている。また憲法の条数十七は陽の極数九と陰の極数八との和であり、天地陰陽のすべてを含む意を表わすとされている。

その太子が特に関心をはらったのが讖緯説《しんいせつ》であると考えられる。讖緯説は陰陽五行説で潤色された占・予言の説であって漢時代以降中国で流行し政治的に利用されることが多かった。我国の政治を預る身として、また国際的水準を抜く教養人として太子が讖緯説に関心を持ったのは当然である。

讖緯説には種々雑多な占・予言が含まれているが、その中に辛酉《しんゆう》革命・甲子《かっし》革令ということが説かれている。六十干支のうち辛酉の年には天命が革《あらた》まって王朝が交替するような大事変（革命）があり、その三年後の甲子の年には政治上の変革（革令）があるという。これは易姓革命（天の命によって王朝が交替する）という中国の歴史を基盤にした発想であり、もとより我国とは国情が相違したものであるが、当時東亜の支配階級に深く浸透した思想であった。

太子が推古天皇九年（六〇一）甲子に斑鳩《いかるが》に宮を興し、同十二年辛酉に冠位十二階を実施し憲法十七条を制定したのはいずれもこの辛酉革命・甲子革令の思想によったものである。

この甲子の年に、前々年観勒が将来し玉陳が習得した暦本によって頒暦についての何らかの儀式があったとしても不思議ではない。すでに元嘉暦法による頒暦は永い慣習になっていたが、百済暦博士の手によるものであったから、何となく借り物という感じを拭いきれないものがあった。暦法そのものは異国のものであっても、日本人の手によって編纂されたということに親近感も信頼感もあらたなものがあっただろう。「暦日始用」という表現はあまり正確なものではないが、多少のこの間における事態の推移によって人々の受けた感銘を残したものであろう。

法律や制度はもとより、機械や日用品、農作物やペットのようなものまで、もともとは舶来のものでも、我国で作ったもの、日本人の手によるものを喜ぶ国民性である。舶来であって和製であることが異国文化崇拝と愛国心を両立させるゆえに特別な関心が示されるわけである。「暦日始用」の記事は広量で狭小、開放的で閉鎖的、進取性と保守性が同居する島国日本人の特性がよく示されている。

太子は晩年に蘇我馬子《そがのうまこ》と協力して国史の編纂に着手するが、国史の編纂は我国を国際社会に位置づけるために必要であった。国史ということとなれば、まず建国の時期の設定が最初に考えられなければならない。中国はもとより朝鮮諸国の歴史に比して、あまり荒唐無稽《こうとうむけい》な年紀を設定するわけにはいかないし、記録の明瞭《めいりよう》になった近い年代に建国の年代を求めれば歴史の浅い国家として軽蔑《けいべつ》をまねくことになる。どうしてもしかるべき建国の年紀を立てなくてはならない。

その時に太子の頭脳にひらめいたのが讖緯説による年紀であろう。讖緯説は神秘的な文章で綴《つづ》られているから、各時代の学者によって敷衍《ふえん》拡張された注解が加えられている。そのうち讖緯説の一書『易緯』にほどこされた後漢の碩学鄭玄《せきがくじょうげん》の註が重んじられた。それによると、辛酉は革命の年、甲子は革令の年であるが歴史上の最大サイクルである一蔀《ほう》の最初の年である辛酉には大変革が起きるというものである。

鄭玄は一蔀とは二十一元であるという。一元は六十干支の一巡すなわち六十年であるから、一蔀＝二十一元は千二百六十年となる。（平安時代の学者三善清行《みよしきよゆき》は千三百二十年としている）太子はこの説に従って、推古天皇九年辛酉（六〇一）から千二百六十年遡《さかのぼ》った辛酉年（西暦前六六〇）を日本建国の年、つまり神武《じんむ》天皇即位元年と定めたのである。

いうまでもなく、この年紀は歴史的事実ではなく讖緯説による空想的なものである。しかし、この時代には讖緯説は真理であると信奉され、鄭玄の説は絶対的権威を持っていたから、太子のこの年紀設定は国際的に説得力のあるものであった。

この神武天皇即位の年紀は、当時朝廷の所持した記録や語部《かたりべ》達の伝承した物語ではどう工夫しても上手に継ぎ合わせ埋め合わせできるものではなかったから、『古事記』や『日本書紀』の編纂者を混乱させ、国史に登場する人物をやたらに長寿にするという不手際を生じさせる結果となってしまった。

しかし、太子によって日本人の時間に対する思想は大きく進歩させられたわけで、それまで太古のことは漠とした大昔としか把握できなかった日本人が、一定の紀年という尺度で捉え、それが過去から現在、現在から未来へと継続することを認識し、それが一部とか一元という単位をもって循環する客観的存在であることを認識したわけである。

そして、一つの完結した単位としての一年は暦法によって正しく区分され、二十四節気その他の暦日上の事項も毎日の吉凶も暦本によって正確に予測されること、特に人事に直接的に影響を与えると信じられた日蝕や月蝕も予測されるということが知られたのである。

多くの人々にとって編暦はいまだに神秘的な存在であったが、それが異邦人の手から朝廷の手中に収められたことは、中央集権的な国家を指向する太子にとっては重大な事件であったと思われる。

元嘉暦から宣明暦へ

持統《じとう》天皇四年（六九〇）十一月「勅を奉りて始めて元嘉暦と儀鳳暦とを行ふ」という記事が『日本書紀』に見える。従来これを元嘉暦《げんかれき》の始行と解釈する人が多かった。しかし、すでに見てきたように我国で元嘉暦の行用は六世紀以来続いており、朝廷で正式に採用した時期は推古朝においてであると思われる。文脈からしても、これは元嘉暦と儀鳳暦《ぎほうれき》の併用を開始したことを述べたものと考えられる。

『日本書紀』は巻三十持統天皇十一年（六九七）八月乙丑《きのとうし》の朔日《ついたち》に文武《もんむ》天皇への譲位をもって終り、次の『続日本紀』は文武天皇の即位をもって筆を起しているが、同一日の事件を八月甲子朔日としている。二つの正史の間で日付干支が喰い違うのである。この喰い違いは前者が元嘉暦によっており、後者が儀鳳暦によっているために、暦法の相違から生じたものである。

これだけから見ると、持統天皇四年に開始された両暦の併用は、この年文武天皇の即位をもって儀鳳暦一本に切り換えられたようである。しかし、まず両暦併用ということの意味を考えてみる必要があり、同一暦年の途中で暦法の切り換え、つまり改暦がありうるかを検討しなければならない。

太陰太陽暦で暦法が相違するというのは、両者の天文常数や朔や二十四節気の計算の仕方、それに暦註の繰り方などの違いということであって、その結果月の大小の配列や閏月《うるうづき》の位置、日の吉凶などが相違してくる。毎月が必ず喰い違うわけではないが、一年のうちで一、二か月、あるいは三か月位の間両者の日付にずれがある。たとえば一方がある月の三十日であるのに他方では翌月の朔日になっているといった具合である。

したがって両暦をそのまま併用すれば、ある一日が三十日でもあり翌月の朔日でもあったり、一方が正月であるのに他方はまだ前年の閏十二月だったりするケースが起きてくるわけで、二通りの暦が朝廷から頒布されたりすれば大混乱をひき起すこと間違いないわけである。

元嘉・儀鳳両暦併用の意味は、永年の行用によって誤差が累積した元嘉暦をそのまま使用しながら、日・月蝕の推算など正確を期す暦の上の計算には新しく正確度の高い儀鳳暦の天文常数や計算方法を参照利用したということである。これはあくまで暦編纂過程で内部的に行われたことである。持統朝末年に行われたこの両暦併用はどこまでも、儀鳳暦習得と儀鳳暦への改暦の時期を待つためのものであったと思われる。

次に同一暦年の途中で新暦法への切り換えということがありうるかという点である。もしそういうことが実際に行われれば、『日本書紀』と『続日本紀』の持統譲位・文武即位が同じ八月朔日でありながら、干支が示すように実は別の日であるという混乱が起きるのである。つまり今日は今日なのか昨日なのかどっちなのか分からないということになる。この年は、元嘉暦と儀鳳暦とでは、月の大小の相違する場合もありまた閏月の位置がまったく違っている。

もし文武即位をもって改暦するとすれば急遽《きゅうきょ》新しい頒暦を中央・地方に頒布しなければならず、国政上・民政上の大きな混乱を惹起《じゃっき》することになる。暦年の途中で頒暦を取り換えることはまず不可能というべきであろう。

結局この年は十二月まで元嘉暦が使用され、翌文武天皇二年から儀鳳暦が実施されたと考えてよいだろう。『続日本紀』は巻頭から儀鳳暦一本で統一しているが、文武天皇元年については史実ではないと考えられる。その編纂の際に遡及《そきゅう》して記載されたものであろう。

ところで、暦法、ことに改暦についてはこれまで、科学技術上の問題とみなされてきた。

技術上・理論上の発展改良が即改暦に結びつくとされていたきらいがある。しかし改暦は政治権力によって行うものであり、その内容・方法・時期のいずれの面においても政治的に大きく左右されるものである。東亜において「観象授時」が帝王の権限とされていることは、暦の政治性をいやがうえにも高めているといえよう。

したがって、元嘉暦から儀鳳暦への改暦は単に技術上の問題ではなく、南宋の暦法から唐帝国の暦法という外交的・国際的な面も考えなくてはならない。それとともに、持統朝から文武朝への交替をより印象的効果的にする目的があったと思われる。

持統天皇はいうまでもなく天武《てんむ》天皇の皇后であり、二人の間に生れた草壁《くさかべ》（日並知《ひなめし》）皇子に皇位を継承させる意図を持っていたが皇子の早逝によって、その子軽《かる》皇子（文武天皇）に皇統を継がせるために皇子の成人を待っていたのである。天武天皇には草壁皇子の他に異腹の数多くの皇子があり、彼らの競望と貴族達の間での利害や希望を抑えて愛孫軽皇子の即位を実現させるために持統天皇は心を砕いたのである。

持統天皇十一年には軽皇子がようやく十五歳となり、皇位継承の機会が到来した。新天皇の誕生を祝うのに最もふさわしい行事の一つが儀鳳暦への改暦であり、これは文武天皇として最初の政治上の治績となるものであったから、退位を予定している持統天皇の最晩年に至って改暦を行うはずはなかった。すなわち、改暦は同年八月朔日以降と考えられる。新暦法による翌年暦の作製のための準備期間を考慮すれば、遅くとも十月中旬以前であろ

う と考えられる。

かくして、文武天皇は代始を新暦法の制定実施をもって飾ることのできた我国唯一の天皇となり、以後儀鳳暦は天武系の栄えた奈良時代の大半を通じて用いられることとなった。

唐王朝では始め儀鳳暦（麟徳暦）を用いたが、玄宗皇帝の開元十七年（七二九）に僧一行の編纂《へんさん》した大衍暦《たいえんれき》が採用された。それからわずか六年後の天平《てんぴょう》七年（七三五）に唐より帰朝した留学生下道（のち吉備）真備《まきび》は『大衍暦経一巻』と『大衍暦立成十二巻』と「測影鉄尺一枚」を将来している。

大衍暦は大変勝れていた暦法であり、一行は密教の高僧としても著名な人物であった。天平宝字《てんぴょうほうじ》元年（七五七）には大衍暦は暦生達の教科書となり、その学習が義務づけられている。大衍暦は現に唐朝行用の暦法であり、我国の次期採用予定の暦法とされたのである。

真備は帰朝後その新帰の知識と学力をかわれて皇后・皇太子（のち孝謙《こうけん》＝称徳《しょうとく》天皇）に親近して、政界に次第に頭角を現した。天平十二年（七四〇）に藤原広嗣《ふじわらのひろつぐ》は九州に乱を起し政府に大きな衝撃を与えたが、宗教界の大御所玄昉《げんぼう》と並んで真備を側近の奸臣《かんしん》として指摘し、その排除をその理由としているほどである。

その後真備は軍事上の知識をかわれて大宰府にあって防備の充実に当っていたが、天平宝字八年（七六四）に造東大寺長官に任じられて帰京した。

この頃朝廷では藤原仲麻呂《ふじわらのなかまろ》（恵美押勝《えみのおしかつ》）及び彼によって保護擁立された淳仁《じゅんにん》天皇の一派と、皇権の実力を保持する孝謙上皇と道鏡《どうきょう》の一派との対立が激化していた。上皇は法華寺を本拠としていたが、天平宝字六年六月に人事・賞罰と朝廷の大事は自分が行い、小事のみを天皇が行うという命令を出して、仲麻呂・天皇派の有名無実化を計ったが、その具体例の一つが翌年八月の大衍暦への改暦であった。これによって上皇側が実権者であることを内外に誇示することができ、その後に勃発《ぼっぱつ》した仲麻呂のクーデター鎮圧に当って上皇側を有利に導く一つの要因となったと思われる。

大衍暦は上皇の皇太子時代の師である真備が将来した暦法であり、暦法そのものに政治的色彩が存在していたのである。そして、仲麻呂の乱にあたっては、すでにそのことの必至を予測してか都に招還してあった真備が反乱鎮圧の総参謀として活躍している。真備の軍事上の知識が大いに発揮されたのである。

大衍暦の採用といい、真備の京官への任用といい、上皇側のまことに巧みな布石であった。大衍暦はこのように奈良朝末期の不安定な政情を背景として登場し、貞観《じょうがん》三年（八六一）まで九十六年間行用された。

平城天皇の暦註削除

大衍暦の行われたことは正史の記述によって知られていたし、暦法そのものは『旧唐書』や『新唐書』によって明らかであったが、頒暦そのものは伝えられず、それがどのような体裁のものかまったく分らなかった。それが近年になって多賀《たが》城跡・胆沢《いざわ》城跡及び石岡市鹿の子遺跡から発掘された漆紙文書によって紹介されるに至ったことは第三章に述べるところである。

正倉院所蔵の儀鳳暦時代の具注暦も、前記各所出土の大衍暦によるものも、いずれも多数の陰陽五行説的な暦註が記載されており、これが社会生活全般を支配拘束していたのである。

大陸文化の貴族階級への普及と中国思想の浸透によって、具注暦に記載された諸暦註の影響力は次第に増強され、これに拘泥《こうでい》される傾向が強くなってくると、その弊害が顕著になってきた。筆者の考えでは怨霊《おんりよう》思想なども本来中国のもので、陰陽五行思想あるいは道教的信仰の影響で呪詛《じゆそ》などの風習が広まるにしたがって次第に人々の関心を集めるようになり、奈良朝末に至って一つのパターンが形成されたものであろう。

桓武《かんむ》天皇の崩御《ほうぎよ》によって即位した平城《へいぜい》天皇は、合理的傾向が強く迷信的神秘的風潮を打破するために、大同《だいどう》二年（八〇七）九月に平安京内の巫覡《ふげき》の徒の追放と、貴族の日常生活における迷信的要素の供給源である頒暦の暦註記事を一切削除することを命じた。迷信を削除した頒暦は翌大同三年暦から登場し、藤原薬子《ふじわらのくすこ》の乱によって平城上皇が完全に失脚した弘仁《こうにん》元年（八一〇）暦まで作製されたものと考えられる。ただし、その間の頒暦の姿を推定できる史料は今のところ発見されていない。

頒暦から一切の迷信的暦註を削除しようという発想は、極めて近代的合理主義的なもので、中国・朝鮮にも見られなかったものであり、我国では江戸時代後半に中井竹山《なかいちくざん》によって「浄書の暦」として始めて主張され、明治の太陽暦採用に至ってようやく実現を見たのであった。

文徳《もんとく》天皇の天安《てんあん》二年（八五八）に五紀暦と大衍暦の併用が行われることになった。五紀暦は唐の宝応元年（七六二）から二十三年間用いられた暦法で、朔望月や交点月などの数値は儀鳳暦と同じであったが、大衍暦と同じく歳差を採り入れている。五紀暦は唐で採用されてから十八年目の我が宝亀《ほうき》十一年（七八〇）に遣唐録事として入唐帰朝した内薬正羽栗翼《ないやくのかみはぐりのつばさ》によって将来され、翌天応《てんおう》元年にこの暦法によって編暦するよう勅命があったが誰も学習するものがなく実現しなかったため大衍暦がそのまま行用されたのである。

それからほぼ八十年後の天安元年（八五七）に暦博士大春日《おおかすが》朝臣真野麻呂《まのまろ》が五紀暦を試行することを奏上した結果、ここに大衍暦と併用することとなったのである。ところが翌々年渤海《ぼっかい》国の大使烏孝慎が当時唐朝で行用していた「長慶宣明暦経」を貢上し、真野麻呂がこれを試みたところ優れた暦法であり、その採用を奏上したので直ちに宣明暦《せんみょうれき》への改暦が行われた。

宣明暦はこの後江戸時代の貞享元年（一六八四）に貞享暦《じょうきょうれき》が採用されるまで、八二三年ため、実施のためには、手続きとしての準備期間を設ける必要があったのである。

元嘉暦から儀鳳暦へ、儀鳳暦から大衍暦へ、そしてまた大衍暦から未採用に終った五紀暦への改暦にあたっては、あるいは両者を併用したり、あるいは長期間にわたって学習を重ねたりして、慎重に事を進めている。いずれもすでに唐朝で採用になったもの、あるいは現に行用中のもので、我国であらためて精粗適否を試す必要はなかったから、実施のために学習修得の準備期間を設けたものであろう。

ところが、宣明暦への改暦にはこれがなく、真野麻呂の奏上によって直ちに行用されることになった。これは一つには当初は五紀暦採用を予定してではあるが改暦への準備期間が設けられており、それに続いて宣明暦の検討が行われたため、再度の併用試行が不必要とされたものであろうし、暦博士真野麻呂の声望が高かったためであろう。そして、もう一つの理由としては改暦が政治的に急がれたことが推測される。

前年文徳天皇崩御の後をうけて即位した清和《せいわ》天皇はこの年四月に改元して貞観元年と定めた。この年号は唐の太宗の年号をそのまま採用したもので、太宗の貞観の治にあやかろうというもので、清和天皇は治世の十八年間改元しなかった。天皇は唐の太宗の治績にならって善政をしいて名君主たらんと決意したわけで、宣明暦への改元は、治世の開始に当って天皇の意志を天下に宣明したものに他ならない。

宣明暦がその後永く行用されたのは、ひとつにはその暦法そのものが優れていたことによるが、もっぱら以後藤原氏による摂関政治の時代となり、朝政の私的性格が濃くなるとともに、暦法の学問（暦道）も世襲されるようになり、その学術的水準が低下してひたすら旧慣を墨守する傾向が強まって、新しい暦法を学習して会得するような意志や能力が失われてしまったことや、またその意志があっても日唐間の公的交渉が無くなり、唐朝の滅亡後の分裂抗争などによって、中国の新暦法の入手に困難が生じたことなどを考えることができる。

また一方では、朝廷の貴族達も暦法を他の学問同様に神秘視・秘術視する傾向が強まり、改暦の必要性を意識することがなくなっていたのである。

三章　地中からの暦

木簡の暦

　これまで古代の暦といえば、奈良正倉院に伝えられた天平《てんぴょう》十八年（七四六）・同二十一年及び天平勝宝《てんぴょうしょうほう》八歳（七五六）の暦が最古のもので、ついで『延喜《えんぎ》式』の紙背に発見された平安時代の寛和《かんな》三年（九八七）のものが古く、その他断片的なものはあっても、まとまったものとしては藤原道長《ふじわらのみちなが》の日記『御堂関白記』まで待たなければならなかった。

　これらは、いずれも大切に伝えられたもので、勿論いずれも紙に筆写されており、形式的には具注暦《ぐちゅうれき》と呼ばれるものであった。これらについては章を改めて述べるつもりである。

　これら以外に古い暦が発見されることはほとんど期待されていなかったし、紙以外の材料に書かれた暦が存在することも、また暦が地中から発掘されるということも、まったく予想もされていなかった。それは無理もないことで、これまで知られている暦はすべて紙に書かれていたし、紙は余程注意深く保存されないかぎり、永い年月にわたって伝えられることが不可能である。まして、地下に埋没した場合は、中央アジアの砂漠地帯ででもないかぎり、その生命はたちまち失われてしまう。これまで数多くの考古学的発掘によっても紙は発見されていなかった。

ところが、昭和三十六年に平城宮跡から多量の木簡《もっかん》が発見され、俄然《がぜん》木簡に注意が向けられるようになると、全国各地の遺跡から木簡が発見されるようになり、木簡は奈良・平安時代に紙の代用として広く大量に使用されたことが明らかになった。それとともに、中国の漢代などで竹簡《ちっかん》の暦が用いられたことを考え合わせて、我国で木簡の暦が使用された可能性が考えられるようになったし、木簡の暦なら地中で腐敗消滅しないで残っていることも予測された。

もっとも、これまで発見された木簡の大半は竹ベラを大きくした程度のもので、これに暦を写すことはかなり難しいし、一年分の暦ということになると幾十枚、あるいは百枚を超える数となるので、はたして木簡の暦が存在したかどうか、多少心細い点はあった。

ところで、紙に書かれた暦が発掘される可能性は皆無と考えられていたが、まことに偶然にもそれが発見されたのである。それも一点だけでなく、今日までにすでに十点を超えている。

多賀城出土の具注暦断簡

仙台市の郊外多賀城《たがじょう》市にある国指定特別史跡多賀城は陸奥《むつ》国府の所在地として、また鎮守府の置かれた場所として、古代東北地方の政治・経済・軍事の最も重要な拠点であった。

この多賀城跡の発掘調査は宮城県多賀城跡調査研究所の手で続けられ、多大の成果を収めており、東北歴史博物館で復原図や出土品などを見ることができる。

昭和五十二年に幾点かのうす黒く変色して木の皮のようになった「紙」が発掘された。これは、漆を入れた容器の蓋《ふた》に使用されたもので、漆が付着して紙に浸み込んだために腐らずに残ったものである。もっとも、正確には紙の繊維はすでに消滅して漆の成分によって置きかえられているといわれる。なるほどこういう条件のものであれば、地中で「紙」が保存され、後世発掘されることが可能であるわけである。

ところで、黒ずんで見映えのしない木の皮のような漆紙のなかに、どうも文字らしいものが見えるものがある。肉眼ではなかなか読みとりにくいので、赤外線テレビカメラを利用したところ、これらの漆紙には数多くの文字が記されており、反故《ほご》となった公文書を転用したものであることが分った。

今日このような史料を漆紙《うるしがみ》文書と呼んでおり、多賀城跡での発見につづいて数か所で発見されている。漆紙文書は地方官庁の公文書を転用したものであるところから、古代の地方政治の実情を知ることのできる史料として重要視されている。

ところで、多賀城跡で発掘された漆紙文書のなかに暦の断簡があった。この断簡は縦四・五センチ、横六・五センチという煙草の箱ぐらいの大きさのもので、したがって残っ

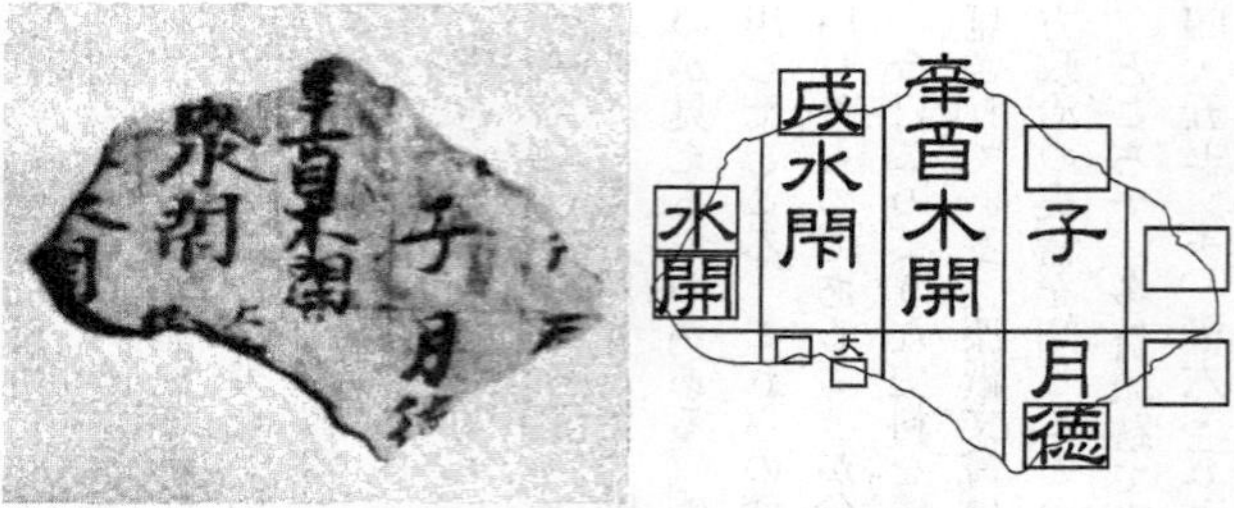

多賀城出土の具注暦／宝亀11年11月

ている文字もごくわずかである。

多賀城跡の漆紙文書には年紀の入ったものがあり、大体八世紀後半頃のものであることが分かるが、暦であるからにはそれが何年のものであるかをつきとめる必要がある。

この暦の断簡は上下左右が失なわれ、暦の中程だけが残されたもので、暦日に配される六十干支（三行目）と、六十干支の十二支の部分（四行目）と、暦日を六十干支によって木・火・土・金・水に性格付ける納音五行《なっちんごぎょう》、それとその日の吉凶を十二に格付けする十二直が記されているだけである。

幸いにも一行目と二行目は、正倉院に伝えられた奈良時代の暦や、平安時代の暦を参照してみると月の最初の部分（月建）であることが分かるので、この暦の断簡はある月の朔日からの三日分であることになる。

通常歴史家が年紀の明記されない古文書や記録の年代を断片的な日付などから調べる時には、月の朔日の干支（月朔干支）をもとにして、『三正綜覧』などの長暦を使って、記載内容などから推定して行くのだが、この方法はあまりあてにならない。

その理由は、ある月の月朔干支がたとえば甲子《きのえね》である確率は六十分の一であるということ、つまり平均して五年に一度の割で甲子の朔日があるわけである。もっとも実際には大の月が二か月続くと三か月目の月朔干支は最初の月と同じになるから、同じ月朔干支が一と月おいて出現することもあり、その後は何年間も同一の月朔干支が周って来ないこともある。六十か月に一回というのはどこまでも平均的な数であるが、比較的年代の幅が狭い場合を除いてはこの方法が有効でないことには変りはない。

また、よく使用されている『三正綜覧』には誤りが多く、あまり信用できないことである。内田正男氏がコンピューターを使って編纂《へんさん》した『日本暦日原典』はこの点完璧《かんぺき》である。しかし、この本を使えば絶対に心配がないかというと必ずしもそうはいかない。というのは、この種の長暦類はその時代に用いられていた暦法に従って計算して、ある年次の暦を復原しているわけであるが、実際に使用された暦には、暦法の計算通りでないことが稀《まれ》にあるからである。

これは、司暦の役人の計算違いという場合もあるし、さまざまな理由で政治的に暦を変更した場合があるからである。たとえば、元日の日蝕を不吉だからと避けるために、前の月を小であるものを大にして日蝕を二日にずらしたり、閏月を意図的に後にまわしたり、朔旦冬至といって十九年目ごとに十一月朔日がちょうど冬至の日に当ることを祝うために

十二支＼節月	子	丑	寅	卯	辰	巳	午	未	申	酉	戌	亥
正　月	開	閉	建	除	満	平	定	執	破	危	成	収
二　月	収	開	閉	建	除	満	平	定	執	破	危	成
三　月	成	収	開	閉	建	除	満	平	定	執	破	危
四　月	危	成	収	開	閉	建	除	満	平	定	執	破
五　月	破	危	成	収	開	閉	建	除	満	平	定	執
六　月	執	破	危	成	収	開	閉	建	除	満	平	定
七　月	定	執	破	危	成	収	開	閉	建	除	満	平
八　月	平	定	執	破	危	成	収	開	閉	建	除	満
九　月	満	平	定	執	破	危	成	収	開	閉	建	除
十　月	除	満	平	定	執	破	危	成	収	開	閉	建
十一月	建	除	満	平	定	執	破	危	成	収	開	閉
十二月	閉	建	除	満	平	定	執	破	危	成	収	開

十二直配当表

多少の操作をしたりした結果、計算と実際の暦日とが違ってくることがあることである。

どの長暦の編者も出来るだけ史料に当り、実際に行われた暦と照合して、計算によって求められた日付を修正している。なかでも内田正男氏のものは、最新の歴史学の成果を採用し、いちいち註解しているが、それにしてもやはり限界がある。時代を遡《さかのぼ》れば遡るほど、すべての暦日をチェックするだけの史料が残っていないからである。

大分悲観的なことを述べたが、月朔干支だけでは不充分だというわけで、他の暦註などを使って、どんな断簡からでも年代の推定は必ずしも不可能ではない。特に暦の場合は出土状況や紙質などを一応除外して、暦の記事からだけでそれが可能だということがいえよう。
さて、この暦断簡だが、まずある月の朔日からの三日分ということが分った。これで日付に割り付けた干支が入っていると大分助かるのだが、わずかに十二支の部分しか残っていない。しかし、六十干支に配当されている納音に着目すると失われた十干の部分が明らかになる。
まず納音では、十二支が酉で五行が木になるのは辛酉《かのととり》だけである。したがって、朔日の干支は辛酉ということになる。しかし、前述のように月朔干支だけで年代を推定することは困難であり、また危険でもある。もっとも年代推定の上で一つの材料になる。
次に、開、閉、開とあるのは十二直である。十二直は建《たつ》・除《のぞく》・満《みつ》・平《たいら》・定《さだん》・執《とる》・破《やぶる》・危《あやぶ》・成《なる》・収《おさん》・開《ひらく》・閉《とづ》の順で循環するが、それには次のような規定がある。
十一月節大雪からは子《ね》の日を建とする
十二月節小寒からは丑《うし》の日を建とする
正月節立春からは寅《とら》の日を建とする
二月節啓蟄《けいちつ》からは卯《う》の日を建とする
（以下略）
つまり、節を基準として十二支と十二直の間には一定の関係があるということである。これを分りやすくしたのが前ページの表である。

この表を見れば、暦日の十二支と十二直の関係から、それがどの節の期間であるかがはっきりする。たとえば子の日が建、丑の日が除であれば十一月節大雪から十二月節小寒の前日までに含まれていることになる。

このように十二直は節から節までで十二支との配当が決っている。このような暦註を「節切り」と呼んでいる。十二直は節切りで十二支の配当が一つずつ繰り下げられているので、節の日（入節）には前日の十二直が繰り返される。こういう現象を「跳《おどる》」という。したがって、「建建除満……」とか「開開閉建……」とあれば、二日目が入節の日に当っていることになる。

この暦断簡では朔日が開、二日が閉、三日が開となっているが、実はこういった配列は存在しない。これは開・開・閉か開・閉・閉の誤記であるはずで、前者ならば二日が入節の日、後者ならば三日が入節の日になる。

この断簡暦では

朔日　辛酉　開

二日　壬戌　閉

三日　癸亥　開

となっているので、前表で照合してもらうと、朔日と二日は十月節、三日は閉とすれば十一月節に含まれていることがわかる。誤記があるので十一月の入節の日は二日か三日かはっきりしない。そこで、某月の二日か三日が十一月節大雪に当る年を求めればよいことになる。

大雪は十月十五日頃から十一月十四日頃に周ってくる。閏月のことも考えて、一応十月、閏十月、十一月のうちで、二日か三日が十一月節に当り、しかも月朔干支が辛酉である年がこの暦の年ということになる。この場合多少慎重を期して前後一日だけ余裕を持たせることにする。つまり、月朔干支は庚申《かのえさる》から壬戌《みずのえいぬ》の三日の幅を持たせ、大雪は一日から四日までの幅を持たせる。

『日本暦日原典』には月朔と二十四節気の詳細なデータが記載されているから大変好都合である。照合する年代は、日本に中国式の暦法が伝えられた六世紀中頃から平安時代末までと大分余裕を持たせた。実際には多賀城の存在した期間の暦である可能性が強いから、もっと短い期間で充分なのだが、念のためというわけである。照合年代の幅を大きく取ったのは出来るだけ予断による危険を避けるためである。

結果は宝亀《ほうき》十一年（七八〇）十一月ということになった。この年の十一月の月朔干支は辛酉で十一月節大雪は二日である。この断簡暦の二日の条に大雪の大の字と、雪の字の雨冠の一部が見えている。雪がもっとはっきりしていれば最初から十一月節としてよいのだが、一応十二直から十一月節を割り出したのである。なお大雪の左側にわずかばかり見えている文字の残画は桃裕行氏によって、七十二候のうち十一月初候の「鶡鳥不鳴《かっちょうなかず》」であろ

う と推定された。
月建の部では子の字が見えるが、これは月建干支の十二支で、これが子《ね》に当るのは十一月か閏十一月のいずれかである。この年の十一月の月建干支は戊子《つちのえね》である。断簡暦の右端に戊の字の残画が見えている。

七十二候や月建干支は正倉院の暦には見えていない。後に述べるように正倉院の暦は儀鳳暦《ぎほうれき》時代のもので、この断簡暦は大衍暦《たいえんれき》時代のものである。そこで、七十二候と月建干支の記載は大衍暦になってから始まったことが推測される。この二つは大衍暦の後で我国が採用した宣明暦《せんみょうれき》に基づく暦にも引き続いて記載されている。

この断簡暦が用いられた宝亀十一年は多賀城にとって重大な事件が勃発《ぼっぱつ》している。それは朝廷に帰属していた蝦夷《えみし》の長であった伊治公呰麻呂《これはるのきみあざまろ》が叛乱《はんらん》をおこして多賀城に乱入し、これを一時占領したことである。朝廷は征東副使大伴益立《おおとものますたて》らを派遣して年内に多賀城を回復したが、東北地方の拠点が落城するという不祥事は世人の関心を集めた大事件であったろう。

この断簡暦には縦横の界線があり、おそらく中央で作成された官製の具注暦であろうと思われる。それが前年末に多賀城に配付され、身をもって落城の悲劇を味ったものであるのか、後から多賀城を回復した征東軍のもたらしたものであるかは判明しないが、いずれにしても、この暦が歴史的事件当年の暦が多賀城跡から発見されたことは奇遇であるといえよう。

　多賀城跡から漆紙文書が発掘された後、わずか数年の間に次つぎに遺跡から漆紙文書が発掘されている。

　そのうち胆沢《いさわ》城跡と鹿の子C遺跡から出土した漆紙文書のなかに具注暦の断簡が含まれている。大衍暦行用時代のものが大半を占めている。これまで、儀鳳暦時代の暦としては正倉院のものが知られており、宣明暦時代のものは、その行用期間が長かったこともあって多数知られていた。大衍暦時代のものは多賀城跡出土のものが最初の発見であったことは先に述べたが、ここに一挙に三点が加えられた。

　多賀城跡出土のものはあまりに小断片で、大衍暦時代の具注暦の姿を知るには不充分であったが、胆沢城跡と鹿の子C遺跡出土のものはかなり文字数が多く、後者は月建部分を含んでおり大衍暦時代の具注暦の形状を知る上にまことに好都合の史料となった。

胆沢城出土の具注暦

　胆沢城は奥州市郊外に立地し、東に北上川をひかえた水陸交通の要衝《ようしよう》の地である。延暦《えんりやく》二十一年（八〇二）に坂上田村麻呂《さかのうえのたむらまろ》によって築かれたもので、多賀城よりもさらに北上した鎮守府の所在地であった。

　胆沢城跡の調査は昭和二十九年に始まり、その後精力的に続けられ、昭和五十六年に漆紙文書が発掘された。それがここで紹介する具注暦の断簡である。

この暦は表側に延暦二十二年（八〇三）の四月の記事があり、裏面に翌年九月の暦が書かれている。つまり前年の暦の裏に翌年の暦が書かれているわけで、延暦二十三年の暦は前年の紙背を利用したために、前年の年末のところが歳首に当り、九月の裏にちょうど四月分の記事が書かれることになる。

この漆紙文書は曲物容器に入れられた漆液の蓋紙として使用されたもので、最大径が一六・五センチもあり、これまで出土した漆紙暦断簡では最大のものである。したがって、文字数も多く、記載内容も豊富である。

まず表側の延暦二十二年の暦は四月五日から十日までの六日分で、毎日出てくる大歳の文字は大歳神と小歳神の方位で、これまで儀鳳暦時代の具注暦では「大」の字を略して歳から始まるのに対し、宣明暦時代のものには大を書いていることが知られていたが、これにより大衍暦によるものもやはり大から始まることが判明した。

六日に当る部分に「候旅内」とあるのは六十卦で、これも大衍暦になって始めて登場するものである。その記事に並んで七日と八日の部分に「沐浴《もくよく》」、九日の欄に「除手甲《つめ》」とあるのも儀鳳暦時代の暦には見られないものである。左端に立夏四月節の脇に「螻蟈鳴《ろうこくなく》」とあるのは七十二候で、七十二候が大衍暦時代から記載されるようになったことが分る。

裏側の延暦二十三年暦は九月二十五日から三十日までと、翌月の月建の部の一部分が含まれている。立冬十月節の脇に「水始氷」と七十二候が記入されており、二十九日に当る欄に「大夫既済」とあるのは六十卦である。

このように胆沢城出土の具注暦によって大衍暦行用時代の暦の特色が明らかになった。七十二候や六十卦の登場、大歳小歳記事が大字で始まること、その他沐浴・除甲が記載されることなど宣明暦時代のものとの近似性が強いことが判明した。

それにしても、延暦二十一年に造営された胆沢城跡から翌年・翌々年の暦が発掘されたことは興味あることである。具注暦にはさまざまな日の吉凶・方位の禁忌が記されているが、それを知ることが東北経略の前線本部である胆沢城の指揮官達の間では軍事活動を興すに当って、不可欠の事柄であったのでなかろうか。また、朝廷によって大きな権限と責務を与えられたものにとって、具注暦を所持することは中央とのキズナの一つとして一種の安心感の拠処となったと思われる。

ところで、延暦二十二年の暦の裏に翌年の暦が記載されているわけであるが、これは一体どういうことであろうか。当時紙が貴重であったこと、特に北端の胆沢城あたりではなおさらのことであったと思われる。そのために暦の紙背に暦を書くことも当然行われたわけだが、それだけではないだろう。

陸奥国府の置かれた多賀城までは朝廷から正規の頒暦が配られている。新設のそして多賀城の出先ともいうべき胆沢城には多賀城からさらに転写されたものが送達されたか、鎮守府用として朝廷から別に頒布されていたかも知れない。しかし、実際に鎮守将軍が胆沢城に着任したのは大分後のことであったから、鎮守府用の頒暦は胆沢城にまで到着しなかった可能性がある。そんな事情から、このような不正規な暦が出現したのでなかろうか。

ともあれ、胆沢城に朝廷で定めた暦があることは、そこが朝憲の及ぶ所であることを示すものであり、その暦によって人々の生活が律せられていた。つまり、彼らは正歳四時を知っており、それを知らぬ蝦夷《えみし》に対して優越感を持つことができた。ちょうど数百年前に魏《ぎ》の官人達が倭人《わじん》に対していだいた感情と同じものをである。

鹿の子C遺跡出土の具注暦断簡

胆沢城跡で漆紙の具注暦断簡が発掘されたのと同じ昭和五十六年に茨城県石岡《いしおか》市の鹿の子C遺跡で多量の漆紙文書が出土した。この遺跡は常磐自動車道路建設のために発掘調査されたもので、百数十の住居や工房の跡が発見された。

鹿の子C遺跡のある石岡市は常陸《ひたち》国府の置かれた所で、遺跡の付近には国分寺跡や国分尼寺跡もあり、古代常陸国の政治的中心地であった。この遺跡も、その位置や遺跡の状況・出土遺物などから常陸国府と関係ある遺跡――たとえば軍団跡――と推定されている。

出土した多量の漆紙文書は赤外線テレビカメラによって解読が進められ、計帳などの新発見の公文書類や具注暦断簡が含まれていることが判明した。

この具注暦断簡は某月の月建の部の前後数日分で、比較的大きいものであるが、非常に保存状態が悪く幾片かに割れている。そのうえ暦の上に暦の内容の習書があり、さらにその上に別の習書があって解読がきわめて困難である。

ようやく月建の部の記事や「六月中」の文字が判読され、数日分の暦註からこの暦が五月下旬から六月上旬にかけてのものであり、月朔干支が丙申《ひのえさる》であることが分った。

これを頼りにして該当する年を求めたところ、延暦九年（七九〇）という答を得ることができた。多賀城出土の宝亀十一年（七八〇）暦に次ぐものとなる。

城山遺跡出土の具注暦木簡

浜松駅からすこし西に向った所に有名な伊場遺跡がある。この遺跡は遠江国《とおとうみのくに》敷智郡の役所すなわち郡家（郡衙《ぐんが》）の跡と推定するのが有力な説で、軍団跡や駅舎跡とする説もある。ともかく地方官衙（官庁）の跡であることには変りがない。

城山遺跡というのは、伊場遺跡の西側に隣接しており、伊場遺跡と一連のものである。伊場遺跡を官衙跡と述べたが、正確には同遺跡の東半部は住居跡を含み、西半部が官衙と倉庫などの跡を含んでいる。城山遺跡はこの西半部に接続しているから、敷智郡家の一部を占めたものと推定されるのである。

城山遺跡発掘当時は行政的には静岡県浜名郡香美村に属していた。香美村は区域内に大企業の工場があり財政的に豊かであるため、周辺の町村が浜松市に合併された後も独立を保っていたもので、周囲を完全に浜松市に囲まれて、ポッンと小島のように存在している自治体であったが、現在は浜松市に編入されている。

この城山遺跡から昭和五十五年三月に超大型の木簡が発掘された。この木簡は縦五八センチ、幅五・二センチ、厚さ〇・五センチもあり、これまで各地で発見された木簡が竹べラを大きくした程度のものが大半を占めているのに比べて、はなはだしく大型のものといえるものである。

木簡が歴史学者の注目を集めるようになったのは、平城宮跡から多量の木簡が発掘されてからである。当初は地方から朝廷に貢上された品物の荷札のようなものが多かったが、その後平城宮跡をはじめ各地の遺跡から続々と出土するに従って、書かれている内容も多岐にわたるようになり、古代史の実態を解明する上で重要な史料とされるようになった。

今日までに発見された木簡の数量は厖大《ぼうだい》なものとなり、また出土遺跡もほとんど全国に及ぶようになった。木簡は一度書かれた文字を削り取って再度利用される場合が少なくなく、事実木簡といわれるもののなかにはこの削りかす（削片）が少なからず含まれている。

筆者は早くから木簡に記された暦の存在を予想していたが、一方多少のためらいがあった。それは、これまで発見された木簡はいずれも単独のもので、数片連続して使用された例がなかったからである。日本の木簡と対比される中国の竹簡には公文書・書籍や暦などを冊《さつ》として連結使用した例が知られているのに対して、その例が発見されていないのが日本木簡の特色となっていたからである。暦の場合はどうしても多数の木簡を使用しなければならず、当然何らかの形で編綴《へんてつ》しなければならない。そんな例が見付かっていないのが不安であった。

さて、城山遺跡の巨大木簡の表側は損傷がひどく、当初は文字のあることさえ気が付かなかったほどであったが、裏側には具注暦の記載があることが分った。そこで浜松市立博物館の赤外線テレビカメラを利用して解読が進められた。

解読の結果、この具注暦木簡には某月十八日から二十日までの暦記事が完全に残っていることが判明した。暦日干支から朔干支が求められ、十二直その他の暦註から正月節に含まれることが分った。それらをもとにして『日本暦日原典』によって、天平元年（七二九）正月もしくは延喜十年（九一〇）正月のいずれかであることが求められた。

この二つの年のどちらかということは、大歳神・小歳神の記事が儀鳳暦では「歳」字から始まるのに対し、大衍暦では「大」字から始まる点や、大衍暦には七十二候の記載があるのに対して、この具注暦木簡には十八日か十九日がそれに当るのに記事がないことなどによって、どうやら儀鳳暦時代のものらしいこと、もしそうであれば天平元年暦であるはずだということなどが推測された。

ところが幸いにも、表側に文字の記載があることが明らかになったのである。

このなかで「太歳在己巳」とあるのはその年の干支を示すもので、天平元年を示している。延喜十年は庚午《かのえうま》であり、念のために他の己巳《つちのとみ》の年を調べてみても、暦の記事の一致するものはなかった。表側に記されている歴註はいずれもこの年が己巳であることを示しており、矛盾するものはない。

このように、この具注暦木簡は天平元年のものであることが確認された。ところで、暦は前年中に作成されるものである。前年は神亀《じんき》五年であり、天平への改元は翌年八月のことだから、この暦の表題には「神亀六年暦」（正しくは「神亀六年具注暦日」）とあったはずである。そこでこの具注暦木簡は「神亀六年暦」と呼ぶことにしている。

この木簡の表側は具注暦の歳首の部が記されており、正倉院所蔵の天平勝宝八歳暦と比較してみると、暦註に対する吉凶の解説の部分（暦例）を省略している他はほぼ同一である。裏側の記事も儀鳳暦時代の他の具注暦と同じ内容である。ところが、どういうわけか表と裏とは天地逆に書かれている。このことと歳首の部分の裏が正月十八日―二十日になっていることをもとにして、この具注暦木簡の全体の構成を考えてみる必要がある。

歳首の部の裏に十八日―二十日が来るような配列は次のような場合である。

	表（正方向）	裏（逆方向）
第一簡	歳首の部	十八日―二十日
第二簡	正月月建、朔日、二日	二十一日―二十三日

第三簡　三日―五日　　　二十四日―二十六日
第四簡　六日―八日　　　二十七日―二十九日
第五簡　九日―十一日　　二十九日、三十日、二月月建朔日
第六簡　十二日―十四日　二日―四日
第七簡　十五日―十七日　五日―七日

　こうしてみると、七枚の木簡が一組になっていたことが明らかである。そして、この年一年分の木簡数は合計六十二枚となる（総日数三百五十四日（行）歳首の部三行、月建十二行、合計三百六十九行を六で割ると六十一枚と三行分となる）。仮に七枚ずつ横に並べると九段で一枚分の余裕が残る。この一枚に「神亀六年具注暦」とでも表題を書くとちょうどとなる。

　この木簡には編綴した跡がないから、どういうふうに使用したか明らかでない。ただ表と裏が天地逆に書かれているところから、会社や官庁などで黒ならば在席・赤ならば不在を示すように氏名を書いた木札を掲げているのを見かけるが、そのように目立つところに掲示したのではなかろうか。七枚分が終ると裏返しにしてその後をはめ込めばよい。天地逆にしたのは、似たような内容のものが多い暦の性格上、混乱を防ぐためであろうか。

木簡暦の意味

木簡の暦の出現はこれまで暦は紙に書かれるものという常識を破るもので、大きな波紋をなげかけた。一体この暦はどういう性格のものだろうかという疑問がわいてくる。

大宝令や養老令といった古代の基本法には、毎年十一月朔日に暦奏の儀が行われて、陰陽寮で作製した天皇用の御暦と官庁用の頒暦が奉られ、諸官司や諸国に頒《わか》たれることになっている。そのうち諸国に頒布される暦は前もって都に連絡のため上っていた朝集使の下級役人（雑掌）が書き写すことになっている。

中央の下級官庁や地方の郡クラスの官庁には省や国がさらに複製を頒つことが規定されており、必ず年の内に到着することになっていた。先に見た多賀城跡出土の暦は国クラスのもので中央で作製されたものであろうが、郡衙跡と推定される城山遺跡のものは当然遠江国で作製して郡に頒布されたものの一つであろうと考えられる。おそらく、遠江国の国府では史生などの下級役人が年末の数日を費やして管内の各郡に配るための木簡暦を一生懸命書き写したものと思われる。書き誤りが上司の目にとまれば減俸の恐れがあるから、あわてて木簡の一部を小刀で削って書き直したことであろう。その点木簡は便利な素材であった。

こうして作製された木簡の暦は、年末おしつまってから国府に呼び出された郡の役人に手渡される。郡の役人は徴発して同行させた農民にこの重い暦を背負わせて郡衙への道を急いだことであろう。彼らには来年の暦を見て月の大小や閏月の有無などをもとにさまざまな計画を立案する仕事が待っていたはずである。

我国古代に行われた律令政治は文書の政治であるといわれるが、一面それは全国が完全に統一された暦にもとづく政治であった。戸籍・計帳をはじめ、大小さまざまな行政事務が厳密な日付をもって運営されていた。それは中央だけでなく、辺境の地方においても同様であったことを出土した暦が物語ってくれる。

元嘉暦の発見

これまで知られていた最古の暦は前述のように浜松市城山遺跡で発掘された神亀六年（天平元年＝七二九）の木簡に書かれたもので、暦法からいうと儀鳳暦時代に属する。六世紀中葉我国に伝えられた暦は元嘉暦法によるもので、それ以後文武天皇元年（実際は二年＝六九七）に儀鳳暦に改暦されるまで元嘉暦が使用されていたわけであるが、何分にも古い時代なので元嘉暦時代の暦の発見は望み薄に思われた。

ところが平成十五年（二〇〇三）二月、奈良県明日香村の石神遺跡から、これまで知られている様式と異なる木製の暦の断簡が発見されたことが発表された。この木製の断簡は縦一〇・八センチ、横一〇センチ、厚さ一・四センチで中央に穴があるドーナツ形のもの。そして表裏に文字が記されている。

もともとは横長の板であったと考えられ、何かの目的で円形に加工され、穴が開けられたようである。

残された干支や暦註などから、持統天皇三年（六八九）の暦断簡で、表側は三月八日から十四日まで、裏側は四月十三日から十九日までということが分った。これまで最古とされていた神亀六年（七二九）の木簡暦より四〇年も遡るものである。ようやく元嘉暦時代の暦が出現したわけである。

石神遺跡出土の暦

この時期の暦は中国にも朝鮮半島にも類例がないので、元嘉暦による暦の形式・内容を示す貴重な発見ということになる。

この暦では破を「皮」、執を「丸」と書くなどのほか、「盈九」とか「絶紀」とか「天李」など、他の暦には見られない暦註があり、今後の解明が待たれるところである。

四章　平城京の春

正倉院の暦

正倉院にはおびただしい数の古文書類が保存されている。大半は写経所や造東大寺司関係のもので、そのうちに天平《てんぴょう》十八年（七四六）、天平二十一年及び天平勝宝《てんぴょうしょうほう》八歳（七五六）の具注暦《ぐちゅうれき》の断簡が含まれている。これらの暦は使用後反故《ほご》として利用されたもので、いずれも紙背に当時盛んに活躍していた写経所関係の略式公文書が記されている。紙が貴重だったところから、役所で日常に使用する紙料として、一たん使われた公文書や暦などの反故がもっぱら利用されたわけである。

正倉院の具注暦断簡も暦として残されたものではなく、紙背の方の古文書として残されたものである。暦の裏側に文書を書くために適当の幅に裁断したものの一部が後世に伝えられたのだから、暦の面から見るとあちこち跳び跳びに無残な姿をとどめることになる。

天平十八年暦では二月七日から十三日までの七日分と、二月十四日から三月二十九日までの四十六日分が残されており、天平二十一年暦では二月六日から四月十六日までの六十

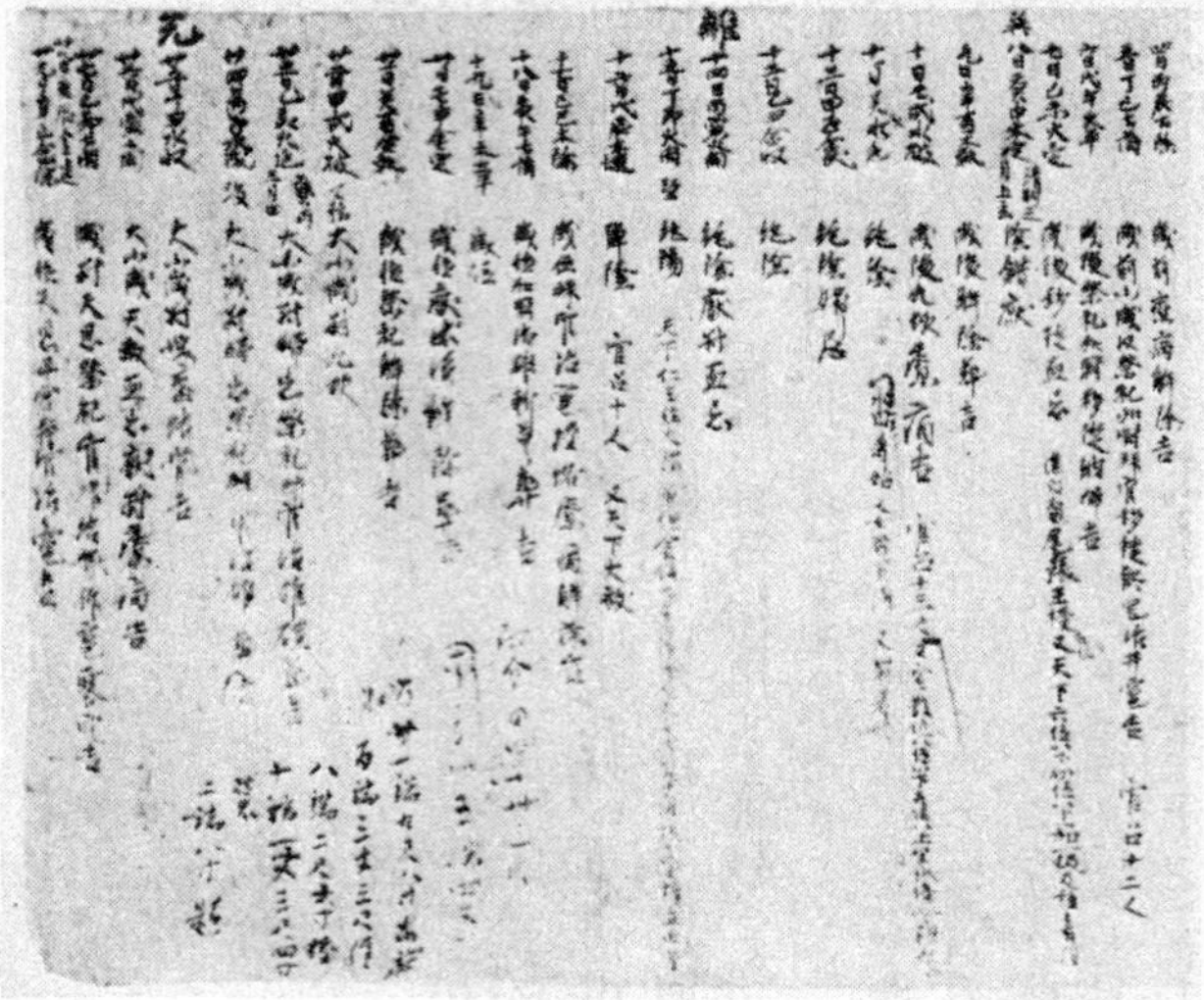

天平18年　具注暦

九日分が、また天平勝宝八歳暦では歳首（暦序）から正月二十六日までと、三月三日から四月十八日までの四十六日分が残されているにすぎない。つまり、どの年度のものも一年分とか半年分がまとまっていない断簡なのである。

　このうち、天平十八年暦は文字も乱雑で誤字脱字が多く、天平二十一年のものは幾分整っており、天平勝宝八歳暦は縦横の界線を引いて、しっかりした文字で写されており、誤字や脱落も少ない。どうやら最初のものは個人用に筆写されたもので、次が下級官庁で使用されたものであり、最後のものが陰陽寮の手を経て官庁に頒布された官給品のようである。
このうち最も興味を引くのは最初の個人用と思われる暦である。それは、ところどころに日記が書き込んであるからに他ならない。日記の書き込みは二月に四か所、三月に六か所の計十か所である。この暦は二月七日から三月二十九日までの五十三日分が残っているから、五・三日に一か所の割合で書き込みがあることになる。いずれも暦の記事の余白の部分に記されているから短文であり、一応漢文で書かれている。このことは後世の公家の暦日記にも見られる傾向である。

伝世遺品としては最古のこの具注暦にすでに日記の書き込みがあることは、この風習が少なくとも奈良時代前半に遡《さかのぼ》ることを物語るものできわめて興味あることである。さて、その書き込みを拾ってみると次の通りである。

二月　八日　「官多心経写始」（官、多く心経を写し始む）
　　　九日　「官一切経目録二巻皇后宮奉請　知田辺史生」（官、一切経目録二巻を皇后宮に請け奉る　知田辺史生）
　　　十六日　「大宮参向塩賜已訖」（大宮に参り向ひ、塩を賜ひすでに訖《おわ》んぬ）
　　　二十日　「掌疏官（所）任已訖」（掌疏官の任すでに訖んぬ）
三月　五日　「官召十二人」（官、十二人を召す）
　　　七日　「進白亀尾張王授五位又天下六位以下初位以上加一級及種〻有階」（白亀

を進む尾張王に、五位を授く、又天下六位以下初位以上に一級を加へ、及び種々階《くさぐさしな》有り）

十日「官召十三人又宣散位八位以下无位以上筆紙備令朝参」（官、十三人を召す、又散位《さんに》・八位以下無位以上に筆紙を備へ朝参せしむと宣《の》り給ふ）

十一日「沓着始又女沓買得又冠着始」（沓を着け始む、又女沓を買得す、又冠を着け始む）

十五日「天下仁王経大講会、但金鐘寺者浄御原天皇御時九丈灌頂十二丈撞立而大会」（天下に仁王経を大きに講会す、但し金鐘寺は浄御原天皇の御時に九丈の灌頂、十二丈の撞を立て大会す）

十六日「官召十人又天下大赦」（官、十人を召す、又天下に大赦す）

ご覧のように、十か所のうち全く個人的なものは一か所だけで、他の九か所は公に関することがらである。このうち五か所の書き込みは『続日本紀』の記事と対照できる。

まず三月五日（丁巳《ひのとみ》）条には「正四位上藤原朝臣仲麻呂を以て式部卿と為す。従四位下紀朝臣麻呂を民部卿と為す。外従五位上秦忌寸朝元を主計頭と為す」とある。書き込みには十二人とあって喰い違っているが、『続日本紀』には原則として六位以下の官人の人事は記載しないために起きたもので、この時の任官には藤原仲麻呂・紀麻呂・秦朝元の他に六位以下の官人九人があずかったことが分る。

三月七日（己未《つちのとひつじ》）条には、右京の人尾張王が白亀一頭を獲《と》えたことによって、これを慶賀する勅が出され「宜《よろし》く天下六位以下皆一級を加ふべし。孝子順孫、義夫節婦及び力田の者には二級。唯し正六位上には当戸の今年の租を免《ゆる》す。其の亀を進むる人は特に従五位下に叙し、物を賜ふこと例に准ず。亀を出す郡は今年の租調を免《ゆる》す」と記されている。

書き込みは、右の略文だが六位以下に一級を加えることを記し、正六位上は特例として租を免じることに替えられていることを省いている。これは正六位上の者が五位に昇ることを避けたもので、当時五位以上が貴族として種々の特典を受けていたところから、その人員の増加を防ぐためにしばしばこのような特例が定められている。

だれが書いたのか？

ところで、この書き込みの筆者が正六位上の位にあった者であれば、この記事を省略するはずはないから、少なくとも正六位上の官人ではなかったと思われる。

三月十日（壬戌《みずのえいぬ》）条には平郡広成《へぐりのひろなり》が式部大輔に、橘奈良麻呂《たちばなのならまろ》が民部大輔に、石川麻呂が宮内大輔に、大伴家持《おおとものやかもち》が同少輔に任官したことが記録されている。いずれも五位の官人である。橘奈良麻呂は今をときめく左大臣橘諸兄《たちばなのもろえ》の息、大伴家持は歌人家持である。書き込みには十三人と記されているから、六位以下の官人八人の任官も発令されたわけである。『続日本紀』には、散位八位以下無位以上の官人が筆と紙を持って朝参することを命じた記事が漏れている。このような事柄を書き込んでいるのは、この筆者がこの命令に該当する者であったことをうかがわせる。

十五日（丁卯《ひのとう》）条には、三宝を興隆して天下太平を祈願するために仁王般若経《にんのうはんにゃきょう》を講ぜしめ天下に大赦を行ったことが記録されている。書き込みには金鐘寺では天武《てんむ》天皇の時代に九丈の灌頂幡《かんじょうばん》と十二丈の幢《とう》を立てた前例を述べている。九丈といい十二丈といい大変な長さである。この金鐘寺とは東大寺の前身で、三月堂（法華堂）はその一部であったとの説があり、少なくとも奈良時代の初期には存在が遡れるのだが、はたして天武朝にこのような幡や幢を所有するほどの大寺院であったかどうか疑われるところである。

あるいはこの時に金鐘寺で用いられた長大な幡と幢について、寺僧がその由来を古くするために、まことしやかに天武朝の前例を述べたのかも知れない。天武天皇は聖武《しょうむ》天皇の曾祖父《そうそふ》に当り、天武系皇親の祖としてひときわ崇敬されていたことが利用されたのであろう。

ところで、天下大赦の記事が書き込みでは翌十六日となっている。『続日本紀』の十五日の詔は仁王般若経の講会と大赦とは必然的な関係になっており、「宜く天平十八年三月十五日の味爽《まいそう》以前」の罪を咸《ことごと》くに赦除すべしと明記されている。おそらく日記の筆者は何らかの理由でこのことを翌日知ったものであろう。仁王般若経の講会はすでにこの日に予定されており、その当日に詔が発せられたのかも知れない。大赦は詔によって始めて公表されたため、下級官人等への伝達に多少時間が経過したとも考えられる。

十六日(戊辰《つちのえたつ》)条には三原王の大蔵卿叙任のみが記されているから、他に六位以下の官人九名の叙任があったことになる。

以上は正史の記録と対比できるもので、六位以下の官人の叙任や、下級官人のみを対象とした臨時の命令であるためか正史に漏れたものなどの存在を知ることができ、それなりに史料として貴重な価値を持っている。書き込みにはそれ以外に『続日本紀』の記事と対比できないものがある。

そのうち、二月八日・九日・二十日の書き込みは、当時隆盛を極めた写経所関係のものである。このような書き込みがあるところから、この具注暦の所持者が写経に関係した人物であったことが推測されるわけで、そのことはこの暦が使用年のすぐ後に紙背を写経所の用紙として利用されたことにも関連があるように思われる。

二月八日の記事は写経所が般若心経筆写の命を受けて大量に写経を開始したことを記録しているが、短い心経だけに「多く」という意味がよく理解できる。

翌九日の書き込みは光明《こうみよう》皇后の命によって写経所で一切経の目録を製作した記事で、田辺史生がこの仕事を担当したことを示す。田辺史生は「正倉院文書」にはおなじみの人物で、彼は幾人かの写経生を指揮してこの任をはたしたものと思われる。

二十日には写疏官を掌《つかさど》る任が終了したことを記しており、官は所を訂正している。疏《そ》は経の注解であるから、当時純粋な経典の他に諸経の疏の筆写が盛んに進められており、この書き込みの主人公は写疏を指揮する任務についていたことがわかる。写疏所の任が解けた後はどこに配属されたのであろうか。写経所の性格は一般的には臨時編成のもので、ある経やある疏の注文があれば、その筆写のための部所が作られ、作業が終れば他の部所を応援するような仕組みであったと思われる。

この主人公も写経所から他の役所に転任になったのではなく、ある意味では写経よりも面倒な写疏の仕事が終ってヤレヤレという気持をここに「已に訖んぬ」と書き込んだのだろう。

十六日には大宮に参向して塩を賜ったと書いている。塩は官人の報酬である。サラリーマンのサラリーの語源がラテン語の塩から来ているとはよく聞くことだが、奈良時代にも塩はサラリーの一部だった。二月は季禄つまり春秋二回の季節手当支給の月だが、春の季禄は二月上旬にすでに支給されているはずだから、この塩は写経などに関連した特別のボーナスだったのではあるまいか。とにかく、大内裏に出かけていって特別報酬をもらった主人公の喜面が浮んでくるような記事である。

これまでの書き込みは、天下国家のことか勤務している役所に関したものばかりで、個人的な記事も官人としての位置を離れたものではなく、どこまでも官人としての日記であり、平安時代以降の公家の日記と同じく、どこまでも政治向きの事柄を主体とした「男の日記」である。

この書き込みの中で、まったくプライベートな内容を持ったものは三月十一日の記事一か条だけである。この日主人公は沓《くつ》をはき始め、女沓を買い、冠《かんむり》を着け始めた。沓や冠はすでに買ってあったものであろうし、自分だけが新調というのも気がひけるからか、妻か恋人のために女沓を買っている。

通常、新調の品を身につけ始めるのは吉日を選ぶものだが、この日は凶会日の一つ「絶陰」で万事に凶である。同じ正倉院所蔵の天平勝宝八歳具注暦には、他の暦註が吉日となっていてもこの日を用いるなと注意してあるほどの凶日である。主人公は少なくとも「絶陰」は気にしなかったことになる。ところで、我国では選日としては十二直《じゅうにちょく》が古くから広く用いられていたが、この日は十二直の方も「危《あやぶ》」となっていて、これまた凶日である。主人公は十二直も無視している。

暦註の凶日を無視してしまうからには、主人公にとってこの日はよほど嬉《うれ》しい日だったのであろう。時は晴明（太陽暦では四月五日頃）後三日、奈良の都は桜も満開の頃である。新調の冠と沓で着飾ってアベックで都大路にそぞろ歩きにでも出かけるためだったのだろうか、とても暦註などにはかまっていられない心情であったと思われる。

この春は平城京の人々にとって格別に嬉しい春であった。というのは、数年前から恭仁京、紫香楽京と帝都が平城京から離れ、平城京は過去の都として次第に衰退しつつあったが、前年九月に聖武天皇が還幸して再び帝都となったからである。

多くの官人にとっては約三十年間住みなれた平城京を後にして、山間で狭小な新都での生活は決して楽しいものではなかったはずで、平城京での今年の春は特別な意味を持っていたと思われる。だから書き込みの主人公が暦註の凶日などに頓着《とんちゃく》せず、花盛りの都大路に着飾って飛び出したのも無理はない。

この暦は三月までしか残っていない。一か月平均五・三件の書き込みであるから、年末まで残っていたら、あと五十件ぐらいの書き込みがあったと想像される。この年は特に叙位や叙官が多かったから「官召何人」式の書き込みが続いたであろうし、四月には東海道・東山道をはじめとして諸道の鎮撫使《ちんぶし》が任命されており、馬従（馬引きの従者）の定員削減（四月）、諸寺が百姓《ひやくせい》の墾田園地を競買することの禁令（五月）、写経所とも係りのある玄昉《げんぼう》の死（五月）、旱魃《かんばつ》（六月）、地震（九月・閏九月）、天皇・皇后が金鐘寺で一万五千七百余の献燈、渤海《ぼつかい》人と鉄利人の帰化来朝などの事件を、主人公がどのような文章で書き込んだか、興味が持たれるところである。

すでに述べたように、正倉院所蔵の三暦のうちで、天平十八年のものが一番雑である。三暦中最も出来が良いのは天平勝宝八歳のもので、誤字も少なく文字も整っており、界線の中にきちんと収まっている。天平二十一年のものは墨の界線はないが爪界線といって竹べらのようなもので引かれた界線があり、誤字も比較的少ない。年代の新しいものから上中下の出来具合で並んでいる。

大宝《たいほう》令制定（大宝元年｜七〇一）以前のことは明瞭《めいりょう》ではないが、大宝令以後は太政官《だじょうかん》の中務省《なかつかさしょう》に陰陽寮が置かれ、陰陽博士や陰陽師と並んで天文博士・暦博士・漏刻博士などが所属した。暦の制作に当ったのはいうまでもなく暦博士である。

暦博士は文武《もんむ》天皇二年以来行用の儀鳳暦《ぎほうれき》の計算法に従って翌年の暦の原稿を書きあげると、宮廷の諸官庁から能筆の者を集めて筆写させる。天皇・皇后・皇太子の使用する御暦は特製の紙・筆・墨その他を官給されて大舎人《おおとねり》が書き写す。また地方の国衙《こくが》に頒《わか》たれるものは、あらかじめ朝集使として都に派遣されていた下級役人が写暦に従事することになる。

こうして天皇・皇后に奉る御暦と内外の主要官庁用の頒暦《はんれき》は十一月朔日《ついたち》の暦奏の儀を経て頒布される。令には下級官司の分は所轄の省において、また郡のものは国において筆写して頒下することが規定されている。頒暦の規定によって正倉院の三暦の性格を考えてみると、天平勝宝八歳のものは陰陽寮の手を経て頒布されたもので、天平二十一年のものは、それを写した下級官司用、そして天平十八年のものはそれから又写しをした個人用のものであったと推定される。

家持と立春

「年の内に春は来にけり一年をこぞとや言はん今年とや言はん」という『古今集』冒頭の和歌は、あまりにも有名なものである。この和歌の大意は言うまでもなく、年内の十二月に立春が来てしまったが、立春からは春となるから、一体去年《こぞ》と言うべきなのか今年というべきなのか、という意味であり、いわゆる年内立春を詠《よ》んだものである。

この和歌が歌集の冒頭を飾る栄誉を荷《にな》うにいたったのは、決してこれが最も優れた作品だからというわけではない。それはこの歌集が春夏秋冬の四季の部立に従っており、各季は立春・立夏・立秋・立冬を始めとしているためで、一年の最初の春の始めである立春の和歌が必然的に巻頭に配されたわけである。

この和歌の作者は正月元日からを新しい年とする従来から広く行われている季節感と、立春をもって春の始め、したがって年の始めとする暦法上の考えとの矛盾を面白いと感じたのであるが、立春をもって年初とする考え方はこの和歌集の編者と同一である。

中国で発生発達した太陰太陽暦は、月の朔望《さくぼう》をもって月を立て、太陽の運行をもって季節を知る仕組みであり、漢以来おおむね夏暦《かれき》即ち立春の前後に新年が来るように運用されている。つまり立春・立夏・立秋・立冬が四季の始めというのは暦の仕組みの大前提であり、誰でも知っている当り前のことである。それは正月朔日が一年の始めであるのと同じくらいの常識であったはずである。立春を年初の目安にして暦が組み立てられていても、立春にぴったり元日が一致することは稀《まれ》にしかなく、立春は十二月の半ばから正月の半ばの間に当るのがほとんどであり、年内立春の確率はほぼ二分の一であることも常識であった。

この和歌について国文学者はしばしば「この年は珍しく年内立春だったので……」といった解説を加えているが、これは全くの誤解で、いま述べたように年内立春は珍しくも不思議でもなく、当りまえのことである。こんな言葉を聞いたら江戸時代の八ッつぁん、熊さんでも、何と無学な奴だと笑っただろう。

平安時代の貴族達が年内立春の知識を欠いていたはずはなく、この和歌も年内立春そのものを珍しがったり不思議がったりしているものでないことはいうまでもない。ここでは、正月から三月までを春とする季節のしきたりと、立春からを春とする暦の上の季節の仕組みの二重制にもとづく年内立春という矛盾を面白いと感じているだけのことである。中国の知識階級にとっては、まず話題ともならない常識上の事柄が、日本の教養人には知的関心を刺激する材料になったわけである。

もともと季節には三つの分け方がある。一つは実際の季節である。春に例をとれば、日本人が春と感じる時期がそれである。雨や風や気温などの気象上の変化、魚や鳥や獣の動き、樹木の開花やさまざまな植物の姿が春を告げ、人間の社会活動をうながす。春は年によって早くもあり遅くもなるし、地域によってずれがある。こういう漠とした季節は春から夏、夏から秋、秋から冬と循環して行く。

四季の風物の変化に富んでいる日本では古くから季節の推移にきわめて敏感であったから、この実際の季節に対する感覚は永久に失われなかった。その二は、中国の暦の慣行によるもので正月から三月までを春、四月から六月までを夏というように、四季を三か月ずつ正確に区分する仕方による季節である。四季はそれぞれ孟《もう》・仲《ちゅう》・季《き》に分け、正月を孟春、二月を仲（中）春、三月を季春とする。つまり季節を機械的に月割りにしてしまうのである。そして、三つ目に暦法上のルールとして立春・立夏・立秋・立冬を四季の始めとし、一年を二十四節気・七十二候に等分化するものである。

この季節の三重構造は、日本人の季節感を混乱に陥れてしまう一方では、その内容をより豊かにしたのである。霞《かすみ》の立つのを見て春を感じるのは第一の例、あら玉の年の首を喜ぶのは第二の例、立春大吉と祝うのは第三の例である。

話をこの和歌にもどすと、年内立春をことさらに面白く感じ、それを「こぞとや言はん今年とや言はん」と小理屈を捏《こ》ねたところに古今歌人の面目があるわけである。鋭敏な季節感を持つことを生命とした日本の歌詠みとしては、やはり重大な関心事であったわけである。

しかしながら、この和歌に在原元方《ありわらのもとかた》のオリジナリティーを認めるわけにはいかない。その理由は次の和歌にある。

「月数《よ》めばいまだ冬なりしかすがに霞たなびく春立ちぬとか」

これは『万葉集』所収四五一六首の最後に近い四四九二番のもので、作者は右中弁《うちゅうべん》大伴宿禰《すくね》家持である。天平宝字《てんぴょうほうじ》元年（七五七）十二月二十三日に催された治部少輔《じぶしょうゆう》大原今城真人の宅での宴《うたげ》の際の詠である。

この年の立春は十二月十九日であったところから家持が、暦日の上ではまだ年内十二月であるがすでに霞たなびく春が立ったそうだと詠んだわけである。家持は暦日の上の冬と節気の上の立春正月との矛盾を面白いと感じてこの和歌を詠んだのである。

『万葉集』のなかで第十七巻から第二十巻までの最後の四巻は家持の歌日記とでもいうべきもので、月日を追って家持を中心とした和歌が配列されている。実はこの和歌の前に天平宝字元年「十一月十八日、大監物三形王の宅に宴する歌三首」があるが、節分の日に催されたこの宴会では立春が話題になったものらしく、

「み雪降る冬は今日のみ鶯の鳴かむ春べは明日にしあるらし」（主人三形王）

「うち靡く春を近みかぬばたまの今宵の月夜霞みたるらむ」（大蔵大輔甘南備伊香真人）

「あらたまの年行き還り春立たばまづわが屋戸に鶯は鳴け」（右中弁大伴宿禰家持）

三首とも十二月十九日の年内立春をふまえて、冬は今夜の節分をもって終り明日からは

春だということを詠んでいるが、春といっても暦の上だけのことにすぎないのに、鶯《うぐいす》の鳴く春、霞立つ春と具象的な春のイメージをそえている。万葉の歌人達は春といえばやはり鶯とか霞とか具体的な春の景物を連想せざるを得なかったようである。

家持の「月数めば……」の和歌は、十二月十八日の三首の延長線上に詠まれたもので、「あらたまの」は「春立たば」と明日の立春をひかえており、「月数めば」は「春立ちぬとか」とすでに数日前に立春を迎えていることを詠んでいる。

『万葉集』の家持の和歌をたどってみると、家持が暦に関心を持った人物であることが理解される。これは、家持が官僚政治の中枢にあって暦によって運営される律令政治の運用に身を置いていた体験が影響しているものと思われるし、また『万葉集』の編者として、少なくとも歌日記の作者として暦に深く関わったことの所産でもあろう。

家持の暦に対する関心はその周囲の人々にも影響を与えたものと思われる。十二月十八日の三首の年内立春の和歌の競詠はおそらく家持の発案だったであろう。

暦法に少なからず関心のあった家持としては年内立春についても充分その意味を知っていたことと思われる。したがって、「月数めば」の和歌もただ単に年内立春を不思議、不可解な現象として詠んでいるわけではない。正月からを春とする習慣と暦法上の立春をもって春とする法則との矛盾を多少とぼけた風をして詠んでいるのである。

霞が立ち鶯が鳴く自然現象としての春と、正月から三か月を春とする暦日の上での習慣上の春と、暦法上の立春から立夏の前日までの春と、この季節の三重構造を面白いと感じている家持の知的傾向は、『古今集』の作者達と一脈通じるものが感じられる。

ただ作歌の態度には「年の内に」に見られるような抽象性が不充分である。季節を単なる観念として捉《とら》えるところまで至っていない。家持はやはり後期万集の作者であったわけである。

五章　平安貴族と暦

符天暦と宿曜道

平安時代の中期天暦《てんりゃく》七年（九五三）に天台宗の僧侶日延《にちえん》が中国に渡った。中国では唐が滅び分裂して抗争がくり返されていた頃で、日延は大宰府《だざいふ》から呉越国の杭州《こうしゅう》に渡ったのである。日延渡航の主目的は天台宗関係の経籍を天台山にとどけることにあったが、これは天台山の経典が戦乱で散佚《さんいつ》したためその補充を我国に求めたことによる。日延にはもう一つの任務があった。それは陰陽頭《おんようのかみ》安倍保憲《やすのり》の依頼によって宣明暦《せんみょうれき》に替わるべき新しい暦法を修得し暦書を将来することであった。

宣明暦は唐の長慶年間以来百三十年を経過し、我国で貞観《じょうがん》三年に始行してからでもすでに九十余年に達していた。当時暦法は約八十五年経過すると誤差が累積するので新暦法を採用しなければ正確さを保持できないとされており、さすがに保憲はそのことを認識して新しい暦法を求めたのである。

唐では宣明暦の後に崇元暦《すうげんれき》が用いられたが、滅亡後は民間暦である符天暦《ふてんれき》が広く行われたようで、日延の到着した呉越国でも符天暦が使用されており、日延は杭州の司天台で符天暦の術を習得し、「七曜符天暦経」を入手して持ち帰ることになる。

符天暦は唐の曹士蔿《そうしい》の編纂《へんさん》したもので、正統王朝の暦官の手によるものではなく民間の暦法であった。暦法の内容の優劣によってではなく、民間の暦法という出自によってせっかく将来された符天暦はついに宣明暦にとって代ることができなかった。

といっても、宣明暦と並んで符天暦によって頒暦が作成された時期があるし、その後も宿曜師《すくようじ》によって日月蝕の計算やいわゆるホロスコープの作成に符天暦が用いられたので、あながち我国で行用されなかった幻の暦法ということもできない。

結局、符天暦は主として宿曜師によって運命予報のために用いられることになった。桃《もも》裕行《ひろゆき》氏によると宿曜師の活躍を裏付する「宿曜勘文」は現在十数点が伝えられているそうである。そして、その内容から「生年勘文」「行年勘文」「日食勘文」「月食勘文」の四類に分類されている。

生年勘文というのは、ある人物の一生の運命を生れた時の日月五星等の位置から予測したもので、これには「十二宮位天地図」とか「十二宮立成図」「御元時図」「御誕生之時象図」などと呼ばれるホロスコープが中心となっている。

このホロスコープは西洋占星術で使用するものと本質的には同じもので、主人公の誕生時を基として日月五惑星、十二宮、十二位、二十八宿などが円盤上に配されている。

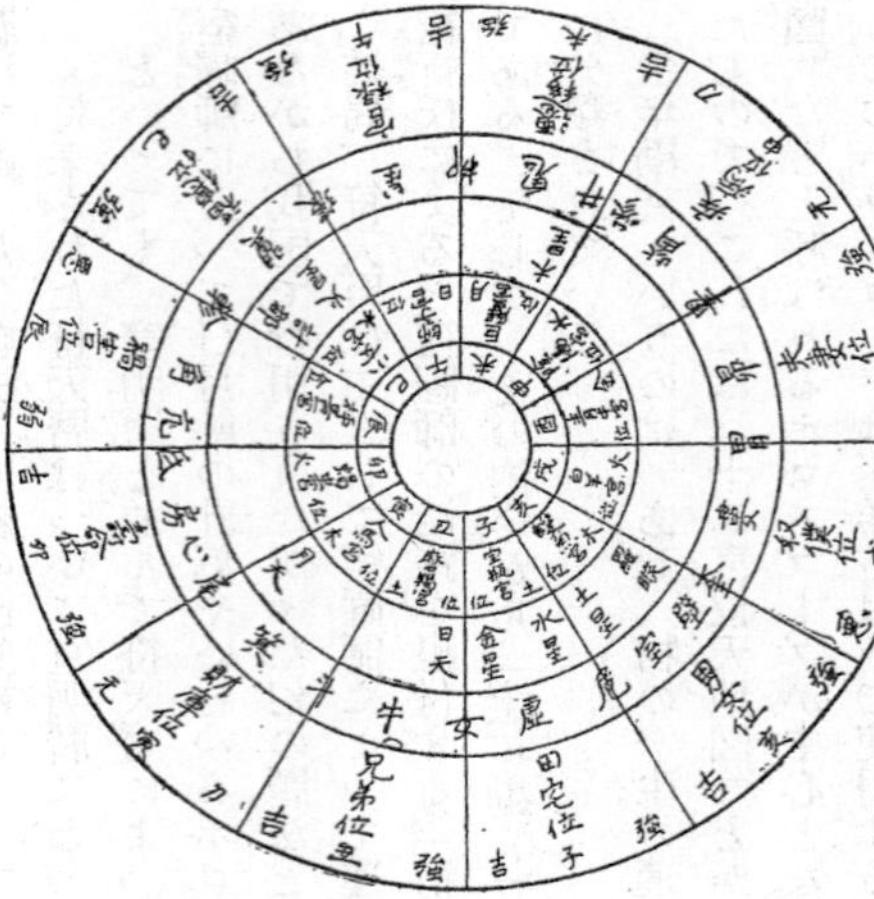

生年勘文

宿曜道の原典となった空海《くうかい》が将来した「宿曜経」等の密教占星術は、西洋占星術が直接移入されたものではなく、インドにおいてインド天文学の要素を加味して発展したもので、二十八宿や羅候・計都など東洋独自の要素が加えられているわけである。

このように生年勘文はホロスコープを基として一生の運勢を予測したものであるが、右に紹介したように、ホロスコープによって年々の運勢を予測したものが行年勘文である。また日食勘文・月食勘文は日月食の推算とホロスコープによって主人公の運勢に及ぼす影響を予測したものである。

このような宿曜師達の活躍は南北朝頃まで続けられるが、初期における頒暦の作成や日月食の予報等の公的活動のほかはまったく個人の運勢に関することに限定されるようである。

ホロスコープに基づく占星術は近年とみに流行してきたが、同じような占星術が平安・鎌倉の時代に我国で行われていたことは意外な感じを与えるものである。しかし宿曜師の活動は西洋のように永続的なものではなかったし、彼らが影響を及ぼした範囲も貴族階級やごく限られた上流武士階級にとどまったようである。

これは我国において個我の確立が弱かったことに基づくものと考えられる。ホロスコープを作成するためには誕生の日時を確定しなければならないが、もともと日本人は誕生日をそれほど重視する習慣が無いから、よほどの家柄の者でないかぎり誕生の日時を記録することがない。またホロスコープは一人一人作成されるから費用の面でも問題がある。そのうえ、東洋的社会では世間との同一性を尊重して、そこから独立して自分だけの孤立した存在を確立することを好まない。暦註によって世間全般が吉日としているのに、自分だけがホロスコープによって凶日とされることに自分も他人も同意しない。

具注暦に吉日とあれば日本中が吉日であり凶日とあれば日本中が凶日であるはずであり、この全員一致の例外はせいぜい生れ年の十二支によって生じる程度である。生れ年の十二支による差違は、やはり同じ運命の者が多数存在することを前提としているわけで、ホロスコープによる占星術で目指す完全なる個人の運命とは根本的に異質なものである。

宿曜道という占星術が我国において多少なりとも行われたのは、依拠した経典が密教的色彩でカムフラージュされていたことと、新来の符天暦という暦法に対する信頼によるものと考えられる。

宿曜占星術は結局は日本の土壌に合わない一時のあだ花であったかも知れないが、それに用いるために具注暦に密(日)月火水木金土と七曜が記載されることになり、後には密(日)だけが残ったり、毎月朔日《ついたち》だけ記載されるようになったけれども、ずっと後の版暦にまで残されるようになったのである。

九条師輔と具注暦

藤原氏が外戚《がいせき》として摂政・関白の地位に就き政権を独占するようになると、朝廷の政治は次第に形式的になり儀式化してしまったが、そうなると典礼や前例に明るいことが貴族としての必須条件になった。そのために貴族達は具注暦に日記を書き込み後日のために備えるようになる。日記は毎日の余白に書き込まれたが、そのために一日ごとに一行乃至《ないし》数行の余白を持った特注の暦が作られるようになる。その余白だけで不足の時は暦の紙背が利用されたし、さらに足りなければ暦を截断して用紙を継いで書き付けた。

立太子や即位などの特別の事件についての記録は抜き書きされて部類記が作られたが、先祖代々の良い部類記を保持することが貴族の一生を左右する重大要件でもあった。

貴族達が日記を書き込むのはほとんどが具注暦であったところから、日記は「暦」とか

「暦記」とも呼ばれた。たとえば、これから紹介する九条師輔《くじょうもろすけ》の日記『九暦』をはじめとして、関白藤原忠実《ふじわらのただざね》の『殿暦』、洞院公賢《とういんきんかた》の『園台暦』、悪左府藤原頼長《ふじわらのよりなが》の『暦記』（『台記』の別名）などがそれである。

このような貴族の日記に対する態度や心構えをもっとも良く物語っているのが九条（藤原）師輔の『九条殿遺誡《ゆいがい》』である。九条師輔は北家の良房《よしふさ》の孫であり基経《もとつね》の子である忠平《ただひら》の次男で、父忠平の関白のあとを兄実頼《さねより》が継いだために官職は右大臣、正二位にとどまったが、人柄の良さから人望があったと伝えられている。

忠平は儀式作法の知識を実頼・師輔に伝え、実頼は小野宮流を師輔は九条流を開いた。実頼の儀式作法を集大成したものが子の実資《さねすけ》によって完成された『小野宮年中行事』であり、師輔のそれは『九条年中行事』と『九条殿遺誡』である。いずれも有職故実《ゆうそくこじつ》の基準とされたものである。師輔自身は摂政にも関白にも進まなかったが、娘安子《あんし》は村上《むらかみ》天皇の中宮（皇后）となり冷泉《れいぜい》・円融《えんゆう》両帝の生母となったため、子兼通《かねみち》、兼家《かねいえ》、孫道長《みちなが》が摂政・関白を相承する基礎をきずくことになった。

『九条殿遺誡』は『九条右丞相遺誡』、『九条右大臣遺誡』、『九条師輔卿遺誡』また『九条遺誡』とも呼ばれ、本来は師輔が子孫のために著した訓誡であったが、その子伊尹《これただ》は摂政・太政大臣、兼通は摂政・関白・太政大臣、兼家は摂政・関白・太政大臣、公季《きんすえ》は太政大臣というように位人臣を極めた高位高官に進み、また前述のように安子は皇后・国母となり、伱子《ふし》は女御となった。藤原氏による摂関時代の極盛期をもたらした道長は兼家の子であり、師輔の一門は貴族の中の貴族として世の羨望《せんぼう》の的となった。

このために『九条殿遺誡』は師輔の子孫のみでなく、広く貴族達によって筆写され、貴族生活の軌範として尊信実践されたもので、『大槐秘抄』、『徒然草』、『愚管抄』など後世の諸書にも言及されている。

この遺誡の書き出しに「遺誡幷に日中行事」とあるように、貴族としての心構えと日中の行事についての注意が記されているが、順序からいうと、先ず日中の行事についての諸注意事項が先で、その後にさまざまな心構えと日中行事についての注意事項の補足が加えられている。

この遺誡のなかで特に興味深いのは貴族の一日の生活について、事細かく記載されている巻頭の部分で、以下説明を加えながら紹介をしよう。（原文は漢文、〔 〕内は分註の語）

「先づ起きて属星《ぞくしょう》の名字を称すること七遍〔微音、その七星は、貪狼《とんろう》は子の年、巨門《こもん》は丑亥《うしゐ》の年、禄存《ろくそん》は寅戌の年、文曲は卯酉の年、廉貞は辰申の年、武曲は巳未の年、破軍は午の年なり〕」

属星は北斗七星の信仰によるもので、本来は暦には関係がない。生れ年の十二支によって守り星が決まるわけで、北斗七星のうちで貪狼・破軍の二星を除いては、二年分を担当することになる。貪狼星は中国の星座名では天枢、つまりおおくま座のアルファ星のことで北斗七星のひしゃくの端にあたり北極星を指している星で、以下ベーター・ガムマ……と続き、最後の破軍星は柄の突端にあたる揺光、エータ星ベネトナッシュである。
属星は生年で決まり、その属星が人の一生の運命を支配するとされた。師輔は延喜《えんぎ》八年(九〇八)戊辰《つちのえたつ》の生れであるから、辰年の属星である廉貞星の名を七遍称えたわけである。廉貞星の運命は「其人小心、誠信有り、貞士ならず、宜しく吏となるべし、苦貧にして資財少し、寿七十七歳」とあり、右大臣ほどの人物にとっては物足りないものであっただろう。

「次に鏡を取りて面《おもて》を見、暦を見て日の吉凶を知る。次に楊枝を取りて西に向ひ手を洗へ。次に仏名を誦《じゅ》して尋常に尊重するところの神社を念ずべし。次に昨日のことを記せ〔事多きときは日々の中に記すべし〕」

鏡を見ることと暦を見ることと日記を書くことが一日の最初に行うべきこととされている。これについては後段に少し詳しく説明が加えられている。

「夙《つと》に興きて鏡に照らし、先づ形躰の変を窺へ。次に暦書を見て、日の吉凶を知るべし。年中の行事は、略件の暦に注し付け、日ごとに視るの次に先づその事を知り、兼ねてもて用意せよ。また昨日の公事《くじ》、もしくは私に止むを得ざること等は、忽忘に備へむがために、また聊《いささか》に件の暦に注し付くべし。ただしその中の要枢の公事と、君父所在のこと等は、別にもて記して後鑑に備ふべし」

毎朝必ず暦を見るのは日の吉凶を知るためである。具注暦には毎日の諸事の吉凶を記してあるから、暦を見なければ何事も行うことが出来なかったし、また八将神などの方位についてあらかじめ知っておかなければ方違《かたたがえ》の準備をすることができない。また暦によって先々の行事予定などを知っておく必要があった。暦博士の作製した具注暦には年中行事に関する記事が記載されていないから、自から書き込んでおくか、年中行事について詳しい者に書き込ませておく必要がある。

道長の日記『御堂関白記』を見ると、暦記事の上に、暦の文字とも道長の手とも明らかに別手で年中行事が記入されている。道長は誰か年中行事に明るい者に命じて、その記事を記入させたものと思われる。師輔は日記を具注暦に書くよう述べており、また事実多くの公家の日記が具注暦に書き込まれている。このように、貴族の日常生活にとって暦は必須の存在であった。彼らの生活の隅々に至るまで暦によって規制されていたのである。そのことはこの遺誡によっても明らかである。

「次に粥を服す。次に頭《かしら》を梳《くしけず》り〔三ケ日に一度梳るべし。日々は梳らず〕、次に手足の甲《つめ》を除け〔丑の日に手の甲を除き、寅の日に足の甲を除く〕」

手足の甲を除く日は『吉日考秘伝』には丑《うし》の日（手）、寅《とら》の日（足）の他、六日、十六日、晦日《みそか》（手足）、甲午日《きのえうま》（手足）、庚日《かのえ》（足）、壬日《みずのえ》（手足）などを挙げており、具注暦には中段に必ず記事がある。

このことは『土佐日記』にも見えている。

「次に日を択びて沐浴す〔五箇日に一度〕沐浴吉凶〔黄帝伝に曰く。凡そ毎月一日沐浴は短命。八日沐浴は命長し。十一日沐浴は盗賊に会ふ。午日は愛敬を失ふ。亥日は恥を見る。悪日は浴す可らず。其悪日は寅辰午戌下食の日等也〕」

沐浴《もくよく》は五日に一度の割となっているが、寅《とら》・辰《たつ》・午《うま》・戌《いぬ》の日がまず悪日として除外され、亥《い》の日も恥を見るから駄目、その他下食の日が不可となる。下食の日は毎月戌の日の他に正月は未《ひつじ》、二月は戌、三月は辰というように月ごとに日が割り振られている。また朔日《ついたち》と十八日も悪いとされているから、沐浴できる日はかなり制限されている。その日の都合で入浴できないこともあるから、五日に一度の沐浴が十日に一度、半月に一度になることもありうるわけで、遺誡の通りにすればかなり不自由な生活を強いられることになる。

「次に出仕すべき事有れば、即ち衣冠を服して懈緩すべからず」

すなわち、右に述べられた事柄はすべて出仕する前のことである。貴族の模範的日常生活はかくのごとく、陰陽道的な雑多なしきたりにがんじがらめに締め付けられ、暦註に振りまわされたものであった。

貴族の一日の生活は暦を見て始り暦に従って行動し、暦によって終るといってよいほどであって、貴族にとって具注暦は必要欠くべからざるものであった。しかも、暦註は私人の生活を律するだけでなく、儀礼化した朝廷の会議・儀式を開催すべき日時や方位を左右し、軍兵の出陣の日時方位まで影響を与えたのであった。

『土佐日記』と暦

「男もすなる日記といふものを、女もしてみむとて、すなり」という有名な言葉で始まる『土佐（正しくは左）日記』は、土佐守として四年の任を終えた紀貫之《きのつらゆき》が任地から京都に帰り着くまでの旅日記であり、また同時に和歌日記である。この日記は冒頭の語にあるように貫之が女性を装って和文をもって綴《つづ》られているところに特色がある。

当時日記は男性が漢字漢文をもって書くのが通常であったから、貫之もまた漢字漢文による日記を付けていたことであろう。土佐から京都までの日記も本来は漢字のものがあって、それをもとに後に和文の『土佐日記』が執筆されたものと考えられる。『土佐日記』は承平《しょうへい》四年（九三四）十二月二十一日から翌年二月十六日までの五十五日間にわたって一日として欠けることなく、毎日の日記が記されている。おそらく貫之は貴族として当然具注暦を所持して、その余白に日記を書き込んだものであろう。

具注暦に書かれる漢文の日記は簡にして要を得ており、余白を充分に利用できるという点ではなはだ当を得ているのが、和歌などを書く時にははなはだ具合が悪い。漢文の間に漢字を万葉仮名式に使って割り込ましてある例などを見るといかにも不体裁であるうえ、なかなか正確に意味をとるのが困難な場合がある。仮名が一般に用いられるようになった後でも、日記に仮名を持ち込まないかたくなな公家もいるわけで、仮名で日記を綴るなどは男子の沽券《こけん》にかかわるとでも考えていたのであろう。

歌人貫之が女性を装って和文の日記を書いたのはそのような貴族男性社会の風潮を反映しているわけで、この古今作家は和歌日記としての『土佐日記』をその性格上漢文で著すことができなかったところからの苦肉の策であったわけである。

土佐国府《とさこくふ》（現在の高知県南国市府中）から京都までの海路は遠く危険なものがあり、そのうえ海賊が出没していたから、その出発から到着までの間、誰しも神仏の加護を祈るとともに暦註の吉凶判断を重視し遵守したものと思われる。

「それの年の十二月の二十日あまり一日の日の、戌の時に門出す」

これが門出の記事だが、承平四年十二月朔日《ついたち》は丁卯《ひのとう》、その二十一日は丁亥《ひのとい》、十二直《じゅうにちょく》は開で、上吉とされ、門出に特に良い日ではないが、この日の前後にあまり吉日がないのでまあまあということでこの日の門出となったのではあるまいか。

戌《いぬ》の時が気になるが、これは「かれこれ、知る知らぬ送りす。年ごろよく比べつる人々なむ、別れがたくおもひて日しきりに、とかくしつゝののしるうちに夜ふけぬ」とあるように、見送りやら何やらで遅くなったことらしく、特に戌の時を選んだわけではないようであるが、一応は出行に悪いとされている時刻を避けている。

それから実際に大津《おおつ》を出発した二十七日まで中五日間がある。この間主人公は見送りの人と会ったり、新任国守の館《やかた》に出向いたりしている。遠国からの帰京には何かと出発の際の日数も必要であったのであろうが、二十二日は十二直は閉で帰亡日、翌日は建だが忌遠行に当っており、その翌二十四日は除で道虚日というように旅立ちに不吉な日が続いたことも考えなくてはなるまい。

二十五日は立春正月節に当り、国守の館から迎えがあって一日一夜遊んでいる。『土佐日記』には翌日に別離の和歌しか載せていないが、まずもって当時の風流人なら立春の和歌の詠み競べがあったはずである。南国土佐のことではあり、春立つの気分は一層濃いものがあったであろう。

いよいよ大津を出航したのは二十七日で十二直は平である。四順日といって建・満・平・成の四日は出行の吉日とされている。貫之はやはりこの吉日を選んだのであろう。これから遠く都までの旅出の平安を祈る気持がうかがわれる。同日土佐湾の浦戸《うらど》に泊り、翌二十八日浦戸を発って大湊《おおみなと》に至り、それから正月九日まで大湊に滞在する。

二十九日は大晦日《おおみそか》でもあり、日記には記事がないが節忌《せちみ》である。節忌は六斎日の別称で、毎月八日・十四日・十五日・二十三日・二十九日・三十日に肉食を断って精進する。翌日は承平五年の元日で、この日から風が吹いて出航できない日が続く。正月八日は風の記事がないが「障ることありて、なほおなじところなり」と記してなお大湊に停っている。この日はこの年最初の節忌に当っている。日の干支は癸卯《みずのとう》、十二直は除、移徙吉の日であるが、この障ることとは節忌のことであろう。

正月九日は満で四順日、大湊を出発して奈半利《なはり》に至る。二泊して十一日暁に出航して室津《むろつ》へ、この日は丙午《ひのえうま》で門出・出行吉である。翌日は雨降らずと記されているが室津に滞在しているのは道虚日のためであろうか。その次の十三日は十二直の破、十四日の危と凶日が続き、また節忌の日に当っている。日記には「舟君節忌す。精進ものなければ、午時よりのちに楫とりの昨日釣りたりし鯛に、銭なければ米をとりかけておちられぬ」と節忌の精進落ちを記している。

翌十五日には「口惜しく、なほ日の悪しければゐざるほどに、けふ二十日あまり経ぬる」とあり、天気が昨日に続いて悪いからともとれるし、節忌の日だからともとれる語がある。この日から風と波が立ち、あるいは雨という悪天候が続く。十九日に「日あしければ舟出ださず」と記しているのは海が荒れていることもあるし、凶会日にあたっていることにもよるか。

ようやく二十一日卯《う》の時に舟出した。日の干支は丙辰《ひのえたつ》で十二直は満、門出吉と四順日に当っている。この日から五泊は場所が明記されていない。

二十六日夜中に舟出して不明の場所に至っている。この日は二月節啓蟄《けいちつ》で干支は辛酉《かのととり》、正月節のうちは遠行を忌む日とされているので、二月節に入るのを待っての出航であろうか。二十九日に不明の地から土佐泊に到着している。この日に「爪のいと長くなりたるを見て日をかぞふれば、けふは子の日なりければ切らず」とある。丑《うし》の日に手の爪《つめ》（甲）、寅《とら》の日に足の爪を切るのが吉とされていたので一日待つことにしたのである。この日は干支甲子《きのえね》、十二直収、節忌の日であるが、暦註では出行・移徙吉の日である。

翌三十日に阿波《あわ》の水門を渡っている。この日は乙丑《きのとうし》・開で節忌の日ではあるが、暦註の門出・舟乗吉に従ったのであろう。この日は紀淡海峡を通過して和泉《いずみ》の灘《なだ》に至る全行過中の最大難関に当っている。楫《かじ》とりにとっても貫之にとっても舟乗吉という暦註は渡海の吉兆であった。

翌二月朔日《ついたち》箱の浦に至ってから四泊している。二日は門出吉だが雨、三日は受死・五墓日、四日は楫とりが「風雲の気色はなはだあし」と舟を出さなかったが終日波が立たなかったとある。あるいはこれは貫之の脚色で十死・忌遠行という暦註を気にしたのが真相ではあるまいか。その後、小津・川尻・舟の上で泊りを重ね、八日に鳥飼に至っているが、この日には「今日節忌すれば魚不用」と記している。

九日に鵜殿《うどの》に着き、十日は「さはることありてのぼらず」とある。干支は乙亥《きのとい》、十二直は成。特別に凶日とはいえないので、貫之の個人的な物忌であろうか。十一日に山崎に到着してからここに五泊している。このうち十四日は節忌の日で天気も雨、十五日は節忌の日であるが、それ以外特に凶日はない。何故の長逗留《ながとうりゅう》であろうか。十六日夕方になってやっと京都に入って、大分荒れてしまった自分の屋敷にもどっている。

貫之の土佐から京都への旅は舟旅であるから、天候に左右される要素が多い。したがって暦の吉凶だけで旅程のすべてを理解することはできないが、多分に左右されていることはいうまでもない。『土佐日記』によって不十分ながら具注暦を生活の指針としていた平安貴族の日常生活の一端を覗《うかが》うことができると思う。

仮名暦と女房

まず次の古文を読んでいただきたい。

「かな暦あつらへたる事

これも今はむかし。ある人のもとになま女房のありけるが。人に帋《かみ》こひて。そこなりけるわかき僧に。かな暦かきてたべといひければ。僧やすき事といひてかきたりけり。はじめつかたはうるはしく。かみほとけによし。かん日。くゐ日などかきたりけるが。やう〳〵するゐざまに成て。あるいは物くはぬ日などかき。又これぞあはれよくくふ日などかきたり。此女房やうかるこよみかなとおもへども。いとかうほどには思ひよらず。さることにこそと思ひて。そのまゝにたがへず。またある日ははこすべからずとかきたれば。いかにとはおもへども。又さこそはあらめと思ひて念じて過す程に。ながくゐ日のやうにはこすべからず〳〵とつゞけかきたれば。二日三日まではねんじゐたるほどに。大かたたゆべきやうもなければ。左右の手にてしりをかゝへて。いかにせん〳〵とよじりすぢりするほどにものもおぼえずしてありけるとか」

右の文で概略のことはお分りいただけたことと思うが、宮仕えしてまだなれないある女房が仮名暦の筆写を若き僧侶《そうりょ》に依頼したことが発端で、このあまり真面目でない若き僧は、始めのうちはお手本通り暦を写していたが、だんだん面白くなくなって「はこすべからず」などとあらぬ事を書き連ね、それを真正直に守っていた女房が大失態を演じることになる。勿論《もちろん》こんな滑稽《こっけい》なことが事実あったとは思えない。この物語の筆者が迷信暦註を墨守する女房達に対して皮肉をこめて創作したものに違いない。

この話を収載した『宇治拾遺物語』は宇治大納言源 隆国《みなもとのたかくに》が編集した『宇治物語』をもとにして侍従俊貞《としさだ》が著した物語集で、治承《じしょう》四年（一一八〇）から仁治《にんじ》三年（一二四二）の間、もしくは建保《けんぽう》年間（一二一三—一一八）の成立といわれており、平安時代末から鎌倉時代初期にかけての世相を反映している作品である。

この話でまず注目すべき点は仮名暦と女房の結び付きで、仮名暦がもっぱら貴族階級の女性に用いられたこと、特に宮廷での女官の生活には欠くことのできないものであることを物語っていることである。また、暦の筆写に僧侶が当っていることも注目すべき事柄で、仮名暦にかぎらず暦の筆写は下級官人や僧侶達の恰好のアルバイトであったと思われる。ここで若き僧が仮名暦の筆写を「やすきこと」と引き受けているのは、仮名暦が具注暦に比べて文字数が少なく、また複雑な字画をもった真名（漢文）がほとんど用いられていないことなどが原因として考えられる。

この話に登場してくる「かみほとけによし」「かん日《にち》」「くゑ日《にち》」は仮名暦の暦註で、このうち「かん日」は坎日で万事に凶とされ、外出その他の諸行事を見合わせる凶日である。正月は辰《たつ》の日、二月は丑《うし》の日、以下戌《いぬ》・未《ひつじ》・卯《う》・子《ね》・酉《とり》・午《うま》・寅《とら》・亥《い》・申《さる》・巳《み》の順で配当される。（節切りで用いられる）

「くゑ日」は凶会日のことで、凶会日には二十四種類あって、具注暦では凶会日とは記載せず、二十四種の個々の名称が用いられる。いずれも凶日であるが、それぞれ災過の内容が異っており、三陰は裁衣をすれば患《うれ》いありとされ、陽錯は病人を問うべからず、衝陽は公事を勤めるべからずという具合である。仮名暦では一括して「くゑ日」としている。

凶会日は、正月の辛卯《かのとう》の日は三陰、庚戌《かのえいぬ》と甲寅《きのえとら》の日は陰錯、というように干支によって配当される。ある年の正月に辛卯の日が含まれていなければ三陰は無く、庚戌や甲寅の日が含まれていなければ陰錯も欠けることになる。話の中に出てくる「ながくゑ日」とは凶会日が幾日も連続することを指し、例えば三月は甲子《かのえね》から戊辰《つちのえたつ》までの五日間、九月は庚寅《かのえとら》から戊戌《つちのえいぬ》まで九日間連続する。

ながくゑ日も、その干支が含まれていなければ配当されないから、この仕組みを知らない一般の利用者には、くゑ日は不思議な存在と感じられることになる。

「物くはぬ日」とか「これぞあはれよくくふ日」という暦註は存在しない。まったくでたらめである。ことにはなはだしいのは「はこすべからず」である。はこ（筥）は便器である。はこするは大の方をすることで、はこすべからずとは排便の禁忌を意味する。つまり雪隠《せっちん》づめである。いくらなんでもこんな暦註があるはずがない。それが一日だけでなく、「ながくゑ日」のように幾日も続いたのではたまったものではない。

ところで現存する最も古い仮名暦は嘉禄《かろく》二年（一二二六）のもので宮内庁書陵部に所蔵されている。しかしながら仮名暦の発生は平安時代中頃に遡《さかのぼ》るものと考えられる。仮名暦は先に述べたように女性が用いたものだが、その発生成立には女流文学の発展とも関連があるように思われる。

平安時代中期には幾多の女性作家が出現するが、彼女達の活躍の場は宮廷の有力女性をとりまくサロンであった。彼女達の多くは宮廷の女房であるか、女房の経験者であり、女流文学は日記文学といっても過言でないように、その基盤には日記があり、その日記はおそらく仮名暦に書き込まれたものであろう。

和風文化の表徴

仮名文字の普及にともなって貴族女性は仮名で読み書きをし、仮名でものを考えるようになった。男性が真名つまり漢字により中国風の思想・教養を重視する時代にあって、女性の仮名の文化は対照的傾向にあったといえよう。当然女性のための仮名暦は真名による具注暦をただ仮名書きに改めただけのものではなかった。

まず全般的に記事が少なく簡略なものになっている。一日の暦註は多くは一、二にとどまっており、前に見たように坎（九坎）日を「かん日」としたように漢字を仮名に替えただけのものもある一方、二十四種の凶会日を「くゑ日」とまとめてしまったものもある。

真名の具注暦は中国の暦書に依拠しているから暦註も中国のものがそのまま用いられるのに対し、仮名暦はそれを和文に訳して用いている。たとえば、不視病は「やまいみす」、神吉は「かみよし」、除手足甲は「つめきるによし」、沐浴《もくよく》は「ゆあふるによし」または「ゆあみによし」、裁衣吉は「ものたつよし」または「きぬたち」、出行吉・移徙吉は「いでましよし」、「かどで」、「わたましよし」と記されている。

この他、日の干支は甲子を「きのえね」と和風に、十二直は建を「たつ」、除を「のぞく」というように訓読みに直してあり、二十四節気もまた和文にしてある。

仮名暦は具注暦を簡略にし、記述を和文に改めてあるだけでなく、本来具注暦にない暦註をも加えてある。例えば「かみほとけよし」の仏である。神吉は具注暦にあるが仏吉はないものである。もっとも中国で神吉という場合の神は日本人の祀《まつ》る神ではなく、その祭祀の方法も違ったものである。仏教は中国古来の宗教ではないから暦では無視されている。しかし、我国では早くから伝統的な神と新来の仏とが習合され、平安時代中期、つまり仮名暦が成立した頃には両者は混合され、判別が困難になっていた。したがって、神吉があ

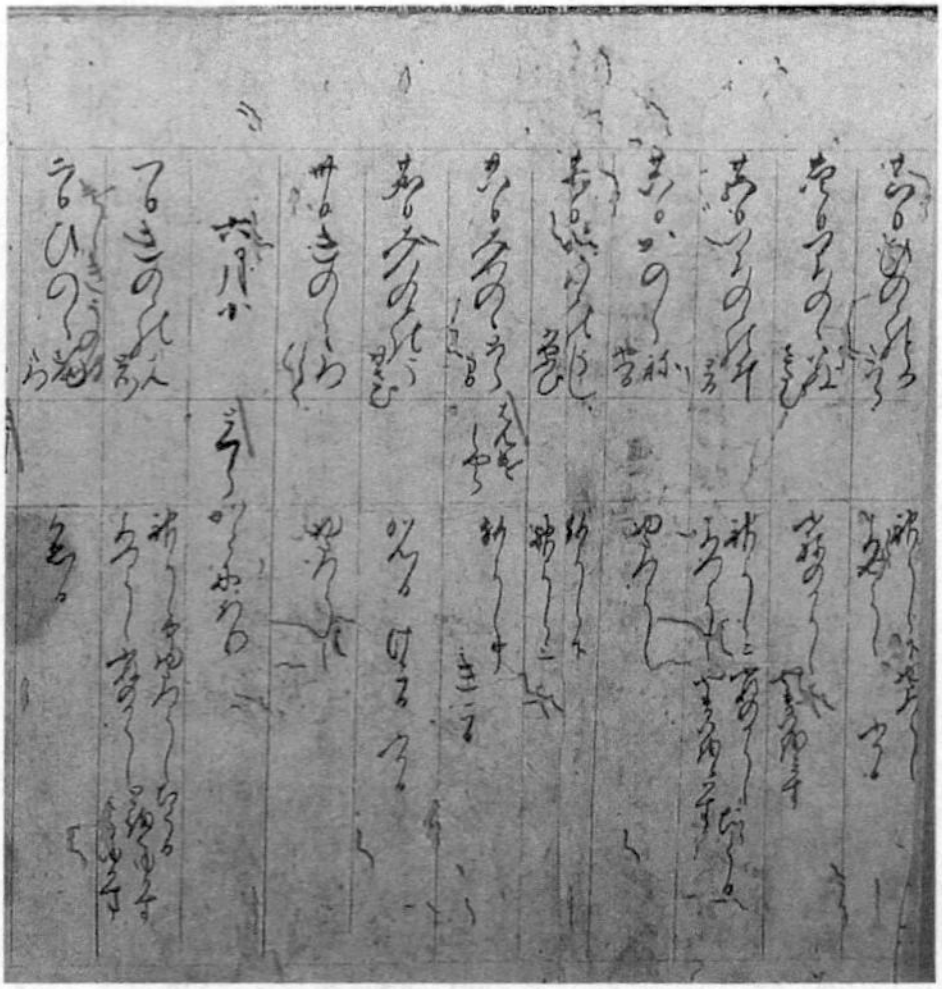
応永31年　仮名暦

れば仏吉があって良いわけだが、仏吉だけを独立させるのは具注暦との相違がはっきりしすぎるので、神吉に付加して「かみほとけによし」という暦註が登場したものと思われる。

この暦註の登場は神仏を区別せず、ただひたむきに神や仏を信仰していた貴族女性の姿をそのまま映しだしたものといえよう。

仮名暦の成立は貴族社会に和風文化が浸透したことを示すものである。およそ舶来文化のなかで最も厳しくその変形変質をこばむものは暦法であった。暦法は文化の先進国である中国の王朝で編纂《へんさん》され制定されたものであるが故にその権威が認められ、我国の頒行者である朝廷の権威が加わって世の崇敬があるのである。この態度は具注暦にあっては原則的に後世まで伝えられた。

いま原則的にと断わったのは、具注暦にも後から加えられたものが無いわけではないからである。その一つが七曜である。七曜は本来ユダヤ教徒が守ったもので、キリスト教徒がこれを継承し、後にイスラム教（回教）徒もこれを用いた。中国にはキリスト教のネストリウス分派が景教として伝播《でんぱ》し、景教寺院が長安に建てられたことは著名な事件である。景教はまず中央アジアのソグド語を話す人達の間で普及した。そのために景教の用語のなかにソグド語に由来するものが多かったと思われるが、なかでも七曜はソグド語の呼称がそのまま漢字に音訳されて用いられた。

ソグド語の七曜

日曜	ミル	密（蜜）
月曜	マーク	莫（莫空）
火曜	ウンカン	雲漢
水曜	ティル	咥（啇）
木曜	ウムツ	温没欺（鶻勿斯）
金曜	ナーキド	那頡（那歇）
土曜	ケーワン	鶏緩（枳浣）

これが密教の宿曜経に組み入れられ、空海によって我国に将来されることになった。やがて宿曜占星術の流行にともなって具注暦に記載されるようになるのだが、日曜はソグド

語の密をそのまま活かして「密」または「密曜」と記載されることもある。七曜の繰り方は西洋のそれと全く同じで、東西が同一の曜日を使用していたのは、当然のことながら何か奇妙な感じがするものである。もっとも近世初頭に東国ではこの繰り方を誤って、三日ずれて暦に記載していた時期がある。

ところで、本来中国の暦法に存在しなかった七曜は暦博士等官暦を司《つかさど》る者には関知しない事柄であったから、具注暦製作の過程では記載されなかったものらしい。七曜は宿曜師という占星術を職業とする人達によって後から書き込まれたと考えられる。その位置は具注暦の最上端で、上端の界線の外である。七曜全部を朱書きする場合もあるし、密か日だけを朱書きにし、他は墨書きにしたものもある。年中行事の予定記事と同じく七曜は暦官の所管外の事項であったわけである。

六章　鯰絵の暦

「建久九年暦」

　世に建久《けんきゅう》九年（一一九八）の暦といわれる仮名版暦がある。この暦は伊豆国《いずのくに》加茂郡松崎村（現在は静岡県賀茂郡松崎町）の俊乗院という寺院の屏風《びょうぶ》の内から発見されたと伝えられており、後に韮山《にらやま》の代官江川太郎左衛門《えがわたろうざえもん》の手に渡って今に江川家に秘蔵されている。

　この暦は現存最古の仮名暦である嘉禄《かろく》二年（一二二六）暦よりも古く、また最古の仮名版暦である元弘《げんこう》二年（一三三二）のものより一三四年も古いものであって、当時の古暦研究家や好事家《こうずか》の知見をはるかに越える古暦ということで世人の関心を集めることになった。今日、その頃にこの古暦を筆写したものが数種伝えられていることはこのことを物語っている。

　蝦夷《えぞ》開拓で著名な近藤守重《こんどうもりしげ》（重蔵）は『右文故事』に「伊豆国加茂郡松崎村に俊乗院といふ禅刹あり。往歳寺僧古き屛風を剥て建久九年戊午の印行古暦を得たり。編次して完全す。守重知友村上某伊豆に往て模写し予に一冊を送れり。その暦首に『いせこよみ』と題して六十州の図あり、上頭に伝暦物狂歌あり、其上中下段大概今暦の体裁の如し、是現存板暦の最古なるものなるべし」と述べている。同書は文政《ぶんせい》二年（一八一九）以前に記されたものであり、この頃守重はこの暦を最古のものと考えていたことが知られる。

しかし守重が文政九年に献上した『好書故事』には「世に伝写せし伊豆国加茂郡俊乗院にある建久九年戊午の暦日刊本と云もの、蓋し偽作なり」と、この暦が偽作であることを明記している。四年後の文政十三年に小山田与清《おやまだともきよ》が書き集めた『古暦本』には、この暦を延宝《えんぽう》六年（一六七八）伊勢暦として「此本建久九年に作るは後人妄りに改めて衆を欺く所なり」とその正体を暴露している。さすがに与清はこの暦が延宝六年戊午《つちのえうま》の年を四百八十年遡《さかのぼ》った同じ干支の建久九年戊午に改竄《かいざん》したものであることを看破している。

このようにこの暦は「発見」と同時に好事家や古暦研究家の間で関心を集めたが、たちまちにその馬脚をあらわしてしまった。しかし、これが延宝六年暦を改竄したものであることは世間に知られないままであった。そのために近年に至るまで、この暦は日本最古の仮名版暦と誤認されていた。

この暦が世人に広く紹介されたのは文政十三年に刊行された小島濤山の『地震考』に暦の表紙に地震鯰《じしんなまず》の絵が掲載されたことによってであり、このことで知られるように、一般にはこの暦の表紙に地震鯰の絵が用いられていることによって関心を持たれてきた。

地震鯰の絵というのは、日本六十余州の周囲を鯰が廻っており、その北端で首尾が交差し、そこに要石《かなめいし》が打ちつけられている。大概のものには、その脇に「ゆるぐともよもやぬけじの要石鹿島の神のあらんかぎりは」という要石の和歌が添えられており、鯰の外側には毎月の晴雨考が付加されている。このように日本地図が描かれているところから、古地図の研究家の間でもこの鯰絵暦は関心を持たれたのである。また地震・要石・鹿島という信仰・民俗の方面からも興味ある資料とされたのである。この表紙の絵を地図の面から考察したのが秋山武次郎氏『日本地図史』であり、民俗の方面から考察したのがC・アウエハント氏の『鯰絵』である。また日本思想史の面から考察したのが黒田日出男氏の『龍の棲む日本』である。

この暦の版暦としての内容を検討したのは神田茂氏で「建久九年暦といわれる暦」（文部省科学研究費『江戸時代の天文学』仮報告六、昭和三十七年）という小論考を著し、そのなかで延宝六年の箕曲版伊勢暦と比較対照をした結果、この暦の表題に「いせこよみ」とあるにもかかわらず、体裁が綴暦であることや暦註の相違する点から実は伊勢暦ではなく、発見地が伊豆ということからも「三島暦でないかと思われる可能性は大きい」と結論している。

これまでこれが偽作とされてからも伊勢暦と考えられており、神田茂氏によって始めて伊勢暦説が否定されたわけである。神田氏はこの暦と同じ延宝六年の箕曲版伊勢暦と比較した結果、次のような相違点を見つけ出した。

一、毎月朔日《ついたち》の七曜が伊勢暦より一日進んでいる。（ただしこれは伊勢暦の方が誤っており、鯰絵暦の繰り方が正しい）

二、「きしゅく」と記載されているが伊勢暦では長方形の小さな黒点で示される。

三、「十し（死）」の日は伊勢暦には他の暦註が入らないが、鯰絵暦には「ちう日」、「大くわ」、「ま日」などの記入がある。

四、「しやく」は伊勢暦には正月三日だけ記載されているが、鯰絵暦には三日と十五日に記載されている。

五、鯰絵暦にある日の五性（行）はこの頃の伊勢暦には全く記載されていない。

六、上の欄外の十二直の解説は伊勢暦より詳しく、会津暦のそれに似ている。

七、同じく伝暦狂歌は伊勢暦より十二首少い。

八、鯰絵暦の体裁は伊勢暦と相違し、三島暦・南都暦・江戸暦と同じ綴暦である。（神田氏が会津暦を挙げなかったのは同じ綴暦でも製本の仕方が相違しているからであろう）

神田氏は延宝六年という点にこだわって伊勢暦は箕曲暦だけとしか比較しなかったのだが、この当時の伊勢暦は版元の暦師によってかなり内容上の相違があるから、もう少し範囲を広げれば別の結論が出たものと思われる。このような批評は当時の伊勢暦の諸版について深く理解されていた神田氏に対し少々失礼であるかも知れない。そのうえ、この論考を発表した頃には他年度の鯰絵暦の存在がよく知られていなかったからである。ともかく、神田氏がこの暦が伊勢暦そのものではないと指摘されたのは研究上大きな進展であった。

鯰絵暦との出合い

筆者と鯰絵暦との出合いはまったくの奇遇というべきものであった。今から四十数年前の六月のある日、神田の某古書店を訪れて店主に古暦は無いかと尋ねた。店主は老眼鏡ごしにじろりと一瞥《いちべつ》して小生の身形《みなり》から尋ね方があまりに素人《しろうと》風だったためか、店内の一隅にある幕末頃の伊勢暦の一束を指して、古暦といえばこんなものだがとそっけない返事であった。筆者はその手のものはすでに架蔵しているので、もう少し古いものを探《さが》しているのだと説明し、しばらく話をしているうちに店主も次第にうちとけてきた。

そういうことなら入手したばかりだがといいながら帳場の横から桐の小箱を取り出して見せてくれたのが鯰絵暦ばかり十一冊そろったものだった。まったく千載一遇の機会である。喉《のど》から手の出るほどの出物である。だがさすがに良い値段だった。筆者はしばらく見とれていたが、薄給の身にはとても簡単に購入できる金額ではない。かといってあきらめることもできず、とりあえず一両日待ってくれと頼んで店を出た。

何としても欲しいし、おそらく二度と来ない機会である。店を背にして歩きはじめるとますます欲しさがつのって来る。とうとうエエままよと店にもどることにした。実はこの日は夏期手当の支給日で、二か月分の月給ほどのものがポケットの内の茶封筒に納っていた。勿論これはそっくり家計の方にまわる金で、一家の主人の自由になる金ではないのだが、とにかく幸か不幸か、ほとんどぴったり古暦の値段と一致していた。

すぐ店にもどった筆者を見て店主は多少怪訝《けげん》な顔をしたが、こんなことはそんなには珍しくないのだろう、別にどうしたのですかとも聞かずに鯰絵暦の入っている桐の小箱を包んでくれた。天にも昇る喜びと何とワイフに言い訳をしたらよいかという悩みとの交錯した複雑な心境で家に帰って、そおっと包みをほどいてみると、鯰絵暦十一冊の他に延宝三年（一六七五）の京暦一巻が入っていた。この京暦は最初から鯰絵暦と一緒にして値が付いていたものを、鯰絵暦に気を奪われて気が付かなかったものだったのか、店主がおまけに付けてくれたものなのか、何だか良くわからないまま筆者の収蔵品に加わった。

当り前の話であるが、その晩はワイフに大分こっぴどくしかられてしまった。それでも、こんな甲斐性《かいしょう》がなくて道楽者の亭主を持ったのは前世の因縁だと諦《あきら》めてくれたのか、その後は文句を言わなかった。お蔭でこの鯰絵暦は古書店に引き取ってもらったりしないですんだ。

この時入手した鯰絵暦は次の通りである。

(1)寛文十三年暦（一六七三）

(2) 延宝　三年暦（一六七五）
(3) 〃　四年暦（一六七六）
(4) 〃　五年暦（一六七七）
(5) 〃　六年暦（一六七八）
(6) 〃　七年暦（一六七九）
(7) 〃　八年暦（一六八〇）
(8) 〃　九年暦（一六八一）
(9) 〃　十年暦（一六八二）
(10) 天和　四年暦（一六八四）
(11) 貞享　二年暦（一六八五）

右のように寛文《かんぶん》十三年暦から貞享《じょうきょう》二年暦まで前後十三年間のうちの大半が連続している。貞享二年暦はこの種の異形の刊暦の最後の年であるから、鯰絵暦にとっても最終のものであることは間違いないが、寛文十三年暦が最古のものというわけではない。国立国会図書館に寛文四年（一六六四）の鯰絵暦が架蔵されている。この暦の表題には「新板こよみ」とあって、「いせこよみ」とはないが、表紙の絵も暦の内容も他の鯰絵暦と同じである。したがって、この暦も江戸で出版されたものと考えてよいであろう。鯰絵暦はこの暦以後のある年から「いせこよみ」と記されるようになったと考えられる。

この他鯰絵暦として知られているのは次の六点である。

⑿延宝　三年暦（一六七五）昭和四十三年六月の東京古典会古書展出品

⒀〃　四年暦（一六七六）勝又幸雄氏蔵

⒁〃　六年暦（一六七八）江川家所蔵（「建久九年暦」）

⒂〃　十年暦（一六八二）西尾図書館蔵

⒃天和　二年暦（一六八二）勝又幸雄氏蔵

⒄〃　四年暦（一六八四）尾島碩心氏蔵

したがって、延宝三年暦（⑵と⑿）、延宝四年暦（⑶と⒀）、延宝六年暦（⑸と⒁）、延宝十年暦（⑼と⒂と⒃）、天和四年暦（⑽と⒄）の五年分が重複して存在することになる。このうち⑼と⒂と⒃は同一年のものであるが、「延宝十年」と「天和二年」と異った年号が記されている。これは改元が九月二十九日であったために、⒃だけが新年号を記載したものである。⑿は出品されたことを後日知ったもので筆者は実見しておらず、内容の詳細を知らないものである。

以上十七点の鯰絵暦を比較調査することによって、この暦の性格をかなり良く知ることができるようになった。この調査によって次の七点に版元の記載があることが分ったのは大きな収穫であった。

⑸延宝六年暦　通油町はん木や彦右衛門

(9)延宝十年暦　吉田屋
(10)天和四年暦　かぎや新□
(12)延宝三年暦　▲屋　堀田徳兵衛
(13)延宝四年暦　長谷河丁大和屋喜□藏板
(15)延宝十年暦　かめや彦右衛門
(16)天和二年暦　山本九郎□板

右のように刊年が同一でも版元が記載されていないものと有るものがあるし、(9)(15)(16)のように同一年に版元が三か所になっているものがある。また不思議なことは同一の版元のものがまったく無いことである。とにかく、この暦の版元が比較的多いということである。

これら七名の版元は伊勢暦の版元には見当らないが、その代り吉田屋喜左衛門、吉田茂兵衛、鎰屋兵吉の名が江戸暦の版元に名を連ねている。〈神田茂氏「江戸暦の版元について」〈江戸時代の天文学　仮報告七〉〉また▲屋は江戸暦の版元として、また草双紙の版元として歴史の古い鱗形屋のことかもしれない。

そのうえ版元の住所が記載されているのは長谷河丁と通油町の二か所だが、いずれも伊勢には無く、江戸日本橋にある。長谷川町は現在の中央区堀留町の南端と人形町の北端に相当し、通油町はその東北に当り、現在の大伝馬町三丁目付近で、両者はきわめて接近している。この通油町には江戸暦開板所と称した仙鶴堂鶴屋喜右衛門が店を開き、鶴屋は千代紙、絵半切、錦絵《にしきえ》、草紙、表具類、経本などもあつかう書物地本問屋であった。通油町はん木や彦右衛門と関係があるのかも知れない。

版元はどこだったか?

このように版元と地名はこの暦が「いせこよみ」ではなく江戸暦であることを匂わせる。そこで暦の内容からどこの暦に類似しているかを見てみようと思う。鯰絵暦と伊勢暦と京暦と会津暦とを比較するのに都合の良いのは貞享二年暦である。この貞享二年暦というのは貞享改暦の直後のもので、京都の大経師暦だけが新暦によっており、他のものはまだ宣明暦《せんみょう》を使って作暦されている。

この年度の伊勢暦は野村茂太夫版(伊勢暦①)と正成版(伊勢暦②)の二種があり、会津暦は笠原祝部主殿頭版と菊池庄左衛門版とがあるが両者の間の相違は春分などの時刻が菊池版では辰刻までで刻単位が省略されている点だけなので一種と見てよい。

この年の各暦の二十四節気、彼岸入りなどの記載は次表の通りである。

この表によって鯰絵暦の特色を考えてみよう。

(1) 二十四節気の入りの時刻は年の前半では伊勢暦②に合い、後半では伊勢暦①に合うようになる。いずれにしても伊勢暦に親近性が強い。

(2) 彼岸の入りはいずれも春分・秋分の二日後になっているのに対し鯰絵暦だけ春分・秋

鯰絵の暦　表紙（上）と内容（下）

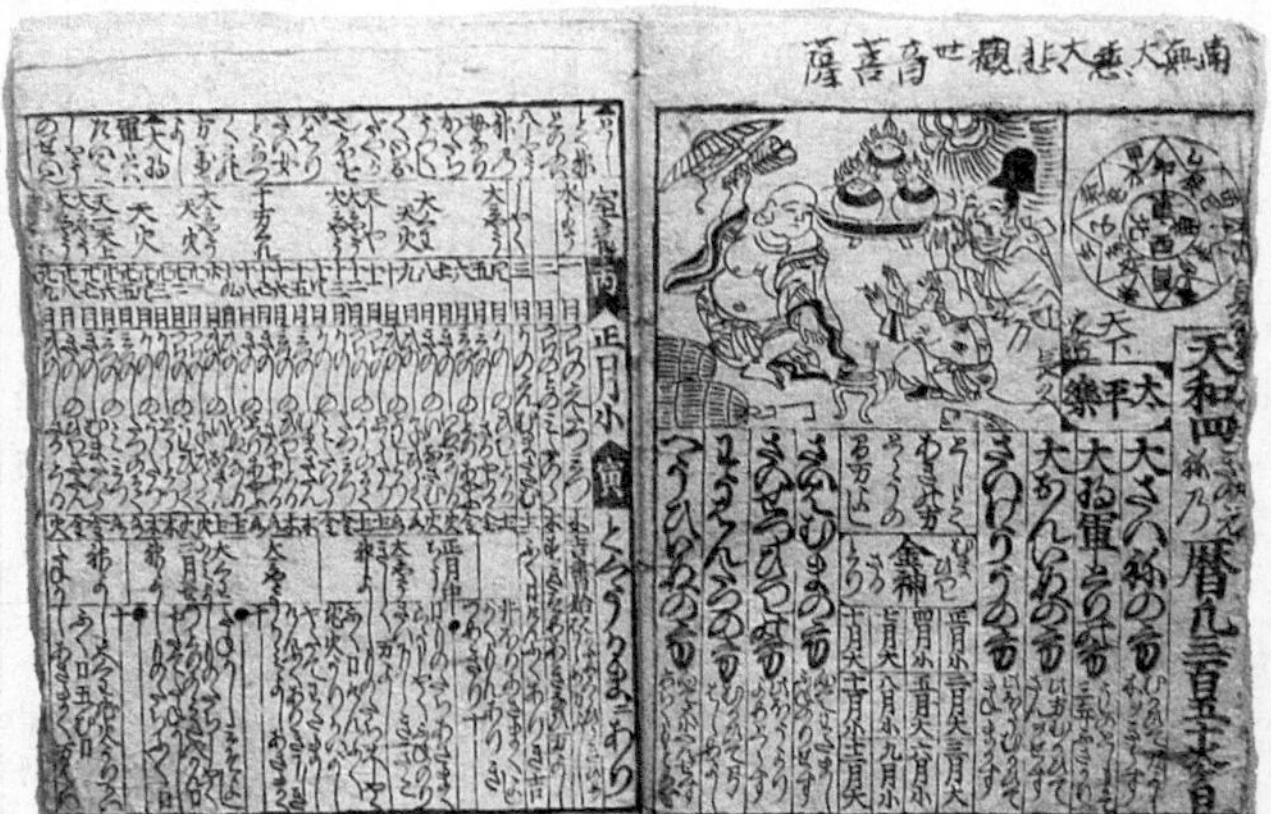

		「なまず」暦	伊勢暦1	伊勢暦2	大経師暦	会津暦
正月節	正月1日	申の時	未の三刻	未の時	未の三刻	未の三刻
正月中	正月16日	―	酉の八刻	亥の時	酉の八刻	酉の時
二月節	2月3日	丑の時	子の四刻	丑の時	子の四刻	子の時
ひかん入	2月	15日	20日	20日	20日	20日
二月中	2月18日	―	卯の一刻	辰の時	卯の一刻	卯の時
三月節	3月3日	未の時	巳の六刻	未初	巳の六刻	巳の時
三月中	3月18日	―	申の三刻	酉正	申の三刻	申の時
八十八夜	3月	29日	29日	29日	―	―
四月節	4月5日	子の時	4日亥の初刻	4日亥の初刻	4日亥の初刻	4日亥の時
四月中	4月20日	―	丑の五刻	卯初刻	丑の五刻	丑の時
五月節	5月5日	巳の時	辰の二刻	巳の時	辰の二刻	辰の時
月食	5月15日	別記	同	同	同	同
五月中	5月20日	申の時	午七刻	申の時	午の七刻	午の七刻
半夏生	5月30日	30日	30日	30日	30日	30日
六月節	6月5日	戌の時	戌正三	酉の時	酉の四刻	酉の時
六月中	6月21日	丑の時	丑正□	20日子の一刻	20日夜の子の一刻	20日子の時
七月節	7月7日	辰の時	辰初一	寅の時	酉の六刻	寅の時
七月中	7月22日	―	午正二	巳の時	巳の三刻	巳の時
二百十日	8月3日	8月3日	8月3日	8月3日	―	―
八月節	8月7日	酉の時	酉初三	申の初刻	申の初刻	申の時

八月中	8月23日	―	22日子初刻	22日戌の五刻	戌の五刻	戌の時
ひかん入	8月	20日	24日	24日	24日	24日
九月節	9月9日	寅の時	寅の正一	午の二刻	丑の二刻	丑の時
九月中	9月24日	―	卯初二	卯の七刻	卯の七刻	卯の時
十月節	10月9日	未の時	未の正三	未の時	午の四刻	午の時
十月中	10月24日	―	戌正□	戌の時	酉の一刻	酉の時
十一月節	11月11日	丑の時	丑初一	10日亥の六刻	10日亥の六刻	10日亥の時
月食	11月15日	―	―	別記	同	同
十一月中	11月26日	卯の時	卯正二	寅の三刻	寅の三刻	寅の三刻
十二月節	12月11日	午の時	午初三	巳の初刻	巳の初刻	巳の時
十二月中	12月26日	酉の時	酉初□	未の一刻	未の五刻	未の時

分前二日としている。（ただし天和《てんな》二年暦までは他と同じである）

(3)　八十八夜と二百十日は鯰絵暦と伊勢暦①②のみにしか記載されておらず、両者が極めて密接な関係のあることを物語っている。

(4)　月食はこの年五月十五日と十一月十五日の二回あったが、五月の月食記事は鯰絵暦と伊勢暦①②が同一で、大経師暦と会津暦が同一であり、十一月十五日の記事は鯰絵暦と伊勢暦①にはその記載が無く、両者の濃密な関係がうかがわれる。

このように、鯰絵暦は「いせこよみ」と名乗っているとおりたしかに伊勢暦の系統に属している。当時の伊勢暦は版元によって体裁や内容が少しずつ異っていたから、貞享二年暦についていえば野村茂太夫版や正成版以外の第三の版元の伊勢暦によっていたのかも知れない。ただし彼岸の入りの日付が伊勢暦同士で相違していたとは思えないから、伊勢以外の地の風習を反映したものと考えられる。ともかく鯰絵暦は伊勢で刊行された伊勢暦そのものではない。してみると版元とその所在地からみて江戸で刊行された江戸暦とみるべきであろう。

江戸は天正《てんしょう》十八年（一五九〇）に徳川氏の居処となり、やがて家康が天下を取ると政治の中心として急速に発展膨張して世界第一の人口を持つ都市となった。その頃南関東には三島暦が流布されており、後北条氏に停止されたこともある大宮暦も行われていたものと思われる。しかし三島暦や大宮暦だけでは厖大《ぼうだい》な需要を賄いきれなかったはずである。世に元禄《げんろく》文化と称えられるものは上方の文化であって、この頃はまだ文化の主流は上方にあって、江戸はそれを模倣《もほう》する田舎都市にすぎなかった。ことに出版文化は遅れており、ようやく京都の書籍商の出店に混って草双紙などの出版業が顔を見せるようになったにすぎなかった。

そういう江戸の文化事情から考えると、とうてい江戸独自の暦の刊行は不可能であったであろう。一方、寛永《かんえい》年間に発生した伊勢暦は御師《おし》の活躍によって、次第に全国的に普及するようになり、伊勢商人の多い江戸にも数多く頒布されるようになったと考えられる。伊勢暦には他暦にない八十八夜や二百十日などの記事が入っており、大黒天などの絵が描かれるなど庶民受けのする体裁を持っていた。

しかし、江戸で伊勢暦の人気が高まるにつれ御師が賦暦として配布する程度の部数ではとても間に合わないし、伊勢からの輸送の問題もあったと思われる。また永年三島暦になじんだ江戸人の綴暦に対する嗜好という問題があった。

こんな事情から伊勢暦のブランドを使って江戸での暦出版が開始されたのではあるまいか。この暦が江戸の暦だということになれば表紙に鯰絵が描かれていることに合点がいる。鯰絵には鹿島神宮に安置されている要石が描かれ「ゆるぐともよもや抜けじの要石鹿島の神のあらんかぎりは」という地震歌が添えてあって、この暦と鹿島信仰との結び付きが認められているからである。伊勢と鹿島とではあまり離れすぎており、江戸ならば考えられる距離だからである。

鯰と地震

ところで、これまで鯰絵暦、鯰絵というように、この暦に描かれた怪物を鯰と決めつけたように述べてきたが、筆者は必ずしも鯰だと考えているわけではない。世間一般でそう呼んでいるので便宜的にそうしているだけであって、いわばカッコ付の鯰絵・鯰絵暦なのである。なぜカッコ付なのかを説明するために、この図の来歴を説明する必要がある。

この手の最古のものは寛永元年（一六二四）刊の『大日本国地震之図』である。もっとも刊年についてはもっと時代が下るのではないかという説もある。この図には日本六十余州を一大怪魚がとり巻いており「此うをのな、大さうれんといふ、又ひはとうきよといふ、国まつさつきよ共いふ」という説明が付いている。「大さうれん」とか「ひはとうきよ(魚)」の意味は不明だが「国まつさつきよ」は国抹殺魚のことだろうから恐ろしい名を持っている。

怪魚の首尾は上部で交差しており、地震歌が添えてある。したがって地震・要石・鹿島の三要素を持った日本地図であるが、「魚」とあって鯰とはしていない。

『常陸《ひたち》国誌』にも「土人《きとびと》相伝う。大魚ありて、首尾斯の地に会う。鹿嶋明神其の首尾を釘さして、以て之を貫く。動揺することを得ず、譬えば扇の柄の釘を得て堅固なるが如し。此石即ち釘也と、荒唐笑ふべし」(原漢文)と要石を説明しているが、やはり「大魚」とあって鯰とはしていない。

しかし、一方寛文五年(一六六五)刊行の『塵摘問答《じんてきもんどう》』には「鹿島大明神、日本を巻く鯰に要打つ」とあるから、この頃には鯰説も存在していたことになる。

どうやら、日本を取り巻く大魚がいて、その大魚の動揺によって地震が起きるとされ、その首尾が鹿島の地で交差しており、それを鹿島大明神つまり武甕槌神《たけみかづちのかみ》が要石をもって釘《くぎ》さしているというのが元の説のようである。そして大魚から鯰に変った時期が江戸時代初期と考えられる。

日本を大魚のようなものが取り巻いている地図の最古のものは、戦後発見された金沢文庫所蔵の日本地図で、これには日本の周囲を竜か蛇《へび》のような細長いものが取り巻いており、鱗《うろこ》のような紋様が入っており青色に彩色されている。残念ながら東日本の部分が失われ、この動物の首尾を見ることができない。したがって地震鯰のように首尾が交差しているのか、また蛇であるのか竜であるのかも分明でない。

地図の専門家は、この地図は鎌倉時代の嘉元《かげん》三年（一三〇五）に作られた仁和寺所蔵の日本地図とほぼ同時代に製作されたものと推定しており、また文永《ぶんえい》・弘安《こうあん》の二度の元寇《げんこう》の後、神国日本を竜神が守護するという祈りをこめて作られたものとの説がある。

この竜神の信仰は中国の四神の考え方から発展したものである。

方位	五行	四神
東	木	青竜
南	火	朱雀
西	金	白虎
北	水	玄武

日本は中国の東方に位置しているから、日本が青竜に取り囲まれ守護されているという考えは古い時代から行われたものであろう。したがって鯰絵の起源は青竜であったと思われる。寛永の鯰絵地図も鯰絵暦のいくつか

も、どうみても鯰ではなく竜か怪魚にしか見えない。しかし鯰絵暦のなかには鯰に近いものもある。鯰絵地図に鯰の名が無いのと同様に鯰絵暦にも鯰とは書いていない。だから当時の人々が、これを鯰と見たかどうかは定かではない。だが『塵摘問答』にすでに鹿島の要石と鯰の結び付きが見えるから、鯰絵とされていたのかも知れないし、青竜のなごりを脱しきれない面も残っていたのであろう。

鹿島あたりなら鯰が主人公になっても不思議ではない。関東地方には鯰が多く、貴重な蛋白源《たんぱく》になっていた。泥田や川底に棲《す》む鯰の大親分が地底に巣くっているという発想はごく自然である。鹿島の要石も最初から鯰を釘さしていると信じられていたわけではあるまいが、一たん鯰と結び付けられると、吉凶を江戸の町々で予言して歩いた鹿島のことぶれ達によって急速に喧伝《けんでん》されたものと思われる。

地震・火事・津浪などにおびえて生活していた江戸市民にとって、地震の元締めである鯰は恐れられ、鎮めの対象として信仰を集めるようになる。寛永の鯰絵地図と鯰絵暦の図柄はきわめて酷似しており、両者は密接な関係がある。鯰絵暦が寛文年間をさほど遡《さかのぼ》らない頃発生したものと仮定すれば、鯰絵地図の成立もその頃に考えてよいであろう。とにかく江戸市民の人気を集めた図柄と考えられる。

江戸の暦では鯰絵を表紙に使用したが、これを真似して会津暦にも鯰絵を用いた年度のものがある。会津暦では表紙ではなく裏表紙に登場させている。だが貞享の改暦でこのような図柄の使用が禁止されたため会津暦での使用期間はごくわずかであった。会津暦にも鯰絵が用いられたことは、鯰絵が好評であったことを示しており、もし禁令がなかったならば、江戸暦も会津暦も鯰絵を掲載し続けたのではあるまいか。

鯰絵の日本地図はその後も三世相とか雑書などの類《たぐい》にしきりに登場してくるので、根強い人気があったことが知られる。

鯰絵暦が刊行された十七世紀末の江戸の出版界はまだ揺籃期とでもいうべき時代であったかと思われる。鯰絵暦の版元が幾店であったか把握できていないから、一店当りの年々の刊行数は分らないが、江戸の人口からして全体では万単位のものと思われる。鯰絵暦の刊行が江戸の出版業界に活力を加えたことは想像に難くない。前述のように後の江戸暦の版元のなかに鯰絵暦の系譜を引くものが存在しており、草双紙の版元との密接な関係が示すように江戸の地本問屋の発展を考える上できわめて重要な要素となっている。

地震と鯰との結び付きを決定的にしたのは安政《あんせい》二年（一八五五）の大地震であった。この時に数百種にのぼる刷物《すりもの》や瓦版《かわらばん》が刊行されたが、それらの多くに鯰が地震の原因と説明され、鹿島神宮の要石の話が述べられている。地震の災害除けの護符が作られ、それに鯰や要石が登場している。これらの印刷物に登場する鯰はおなじみのヒゲを生やした典型的な鯰の姿で表わされている。

地震と鯰の結合は、もともと鯰にかぎらず魚や動物等に多少の地震の予知能力があるところから来たものであろう。必ずしも鯰でなければならないわけではない。それが鯰に限定されたのは、グロテスクなその姿に何か神秘性を感じさせるものがあったのと、鯰絵地図の知識などが複合されて成立したものと考えられる。しかし、鯰絵地図の本来の姿が竜絵地図であったわけで、地震と鯰の関連はあまり意味のあるものではない。

鯰が地震の予知に役立つという考えの根底にはやはり、鯰絵からの連想があるわけで、一種の俗信にすぎない。中国で各種の動物の観察によって地震の予知に成功したことに刺激されて、東京都の水産試験所で鯰の飼育と観察を始めたことは、一面科学的であるがやはり鯰の俗信の根強さを感じさせるものがある。鯰の観察の結果について新聞紙上に報道されたところによると、当ることもあり当らぬこともあって、確率は三割ぐらいとのことである。

一時デパートなどでも観察用の鯰を売り出して、なかなかの売上げだったそうである。だが家庭で鯰を飼育していても地震の予知に役立つとは思えない。地震の原因にされたり、地震の予知に役立つはずだと買いかぶられたり鯰からすれば迷惑千万なことであろう。

七章　貞享の改暦余談

貞享の改暦

貞享《じようきよう》元年（一六八四）に平安時代から延々と八百二十余年にわたって用いられてきた宣明暦《せんみようれき》が廃され、一たんは明《みん》の大統暦《たいとうれき》が採用されたが実施をみないうちに直ちに安井算哲《やすいさんてつ》（渋川春海《はるみ》）の「大和暦」が採用になって「貞享暦」と命名された。貞享の改暦は始めて日本人の編纂《へんさん》した暦法が採用になった暦学史上の大事件であるとともに、徳川時代における一連の改暦の最初のものとして歴史的意義の深いものがある。

貞享改暦の最初の推進者は会津藩主保科正之《ほしなまさゆき》であった。正之は二代将軍徳川秀忠《とくがわひでただ》の第三子で、三代将軍家光《いえみつ》の異母弟にあたっており、幼少にして保科家の養子となった。家光の死後遺命によって幼少の四代将軍家綱《いえつな》の後見となり幕政に参与した人物である。

宣明暦はこの時すでに天行より二日遅れており、ようやく世人の関心を集めるようになった。徳川氏による天下統一以来次第に文運が盛んになって、天文学や暦学を学ぶ者も少なくなかった。なかでも春海は幕府の碁方算哲の子として寛永《かんえい》十六年（一六三九）に京都四条室町に生れ、幼少の頃から家業である碁をはじめ天文・暦術・神道・兵法を学んで秀才の名が高かった。

保科正之は宣明暦を廃して「授時暦《じゅじれき》」に改める意図をもって寛文《かんぶん》七年（一六六七）に春海を会津に招き、家臣二名を付けて数か月にわたって検討させた。春海は京都の医師岡野《おかの》井《い》玄貞《げんてい》に授時暦を学び、自からも深く研究してそれが優れた暦法であることを知って熱心な授時暦支持者となっていた。しかし授時暦の立元が元の至元十七年（一二八〇）にあり、その元は我国に侵寇《しんこう》した王朝であるところから好ましくないとして、結論を出すに至らなかった。

寛文十二年（一六七二）十二月十五日の月食が宣明暦に基づく頒暦には記載されていたが、実際には見られなかった。一方授時暦によれば月食はなかった。この時死期がせまっていた正之は、授時暦の優れていることに深く感銘を受け、老中稲葉《いなば》美濃守正則《みののかみまさのり》に改暦のことは春海に仰せ付られるように遺言して二日後に死去した。

このように幕閣の有力者の後援によって春海は翌寛文十三年六月に「欽請改暦表」（欽《つつ》しんで改暦を請《こ》ふの表）を朝廷に奉った。この上表には、宣明暦の使用が久しいために天行に二日も遅れており、前年十二月の月食の予報にも失敗している。天文に通じた岡野井玄貞や暦学者の松田順承などにこの問題を審議させて、すみやかに改暦されるようにと請願しており、三か年間の六回の日月食を宣明暦・授時暦・大統暦で推算したものを参考として付けている。

春海の日月食の推算は実際の観測によって、宣明暦の誤りと授時・大統両暦の正確さを立証したが、最後の延宝《えんぽう》三年（一六七五）五月朔《ついたち》の日食については授時暦では無食、宣明暦は二分半の食としたが、かえって宣明暦の方が密合した。このため稲葉美濃守正則とともに春海の支持者であった大老酒井雅楽頭忠清《さかいうたのかみただきよ》は「算哲（春海の碁方としての名）の言は、また合うもあり、合わざるもあり」と言って、改暦のことは頓挫《とんざ》してしまった。当時宣明暦に代るべき暦法としては、授時暦（元）・大統暦（明）・時憲暦（清）があり、衆議が一致しなかったのである。

これまでひたすら授時暦を信奉し、授時暦の採用を夢見てきた春海にとって、日食予報の失敗は実に致命的打撃であった。しかし春海はこれに屈せず日夜観測を続け、ついに元の都大都（北京）と京都の里差（経度差）を加えることによって「大和暦」を創案することができた。

綱吉《つなよし》が五代将軍となり文華政策を開始すると、天和《てんな》三年（一六八三）十一月、春海は再び改暦を請願した。この月に宣明暦はまたも月食の予報を誤ったために改暦の気運がますます熟したといわれており、年末に至って改暦の勅があって土御門泰福《つちみかどやすとみ》がこれに当ることとなったが、かねてから春海の学力に敬服していた泰福は春海の上洛《じょうらく》を求めた。

春海は幕府から暇をもらって急遽《きゅうきょ》上洛して泰福と改暦の議に当り、これまでのように異

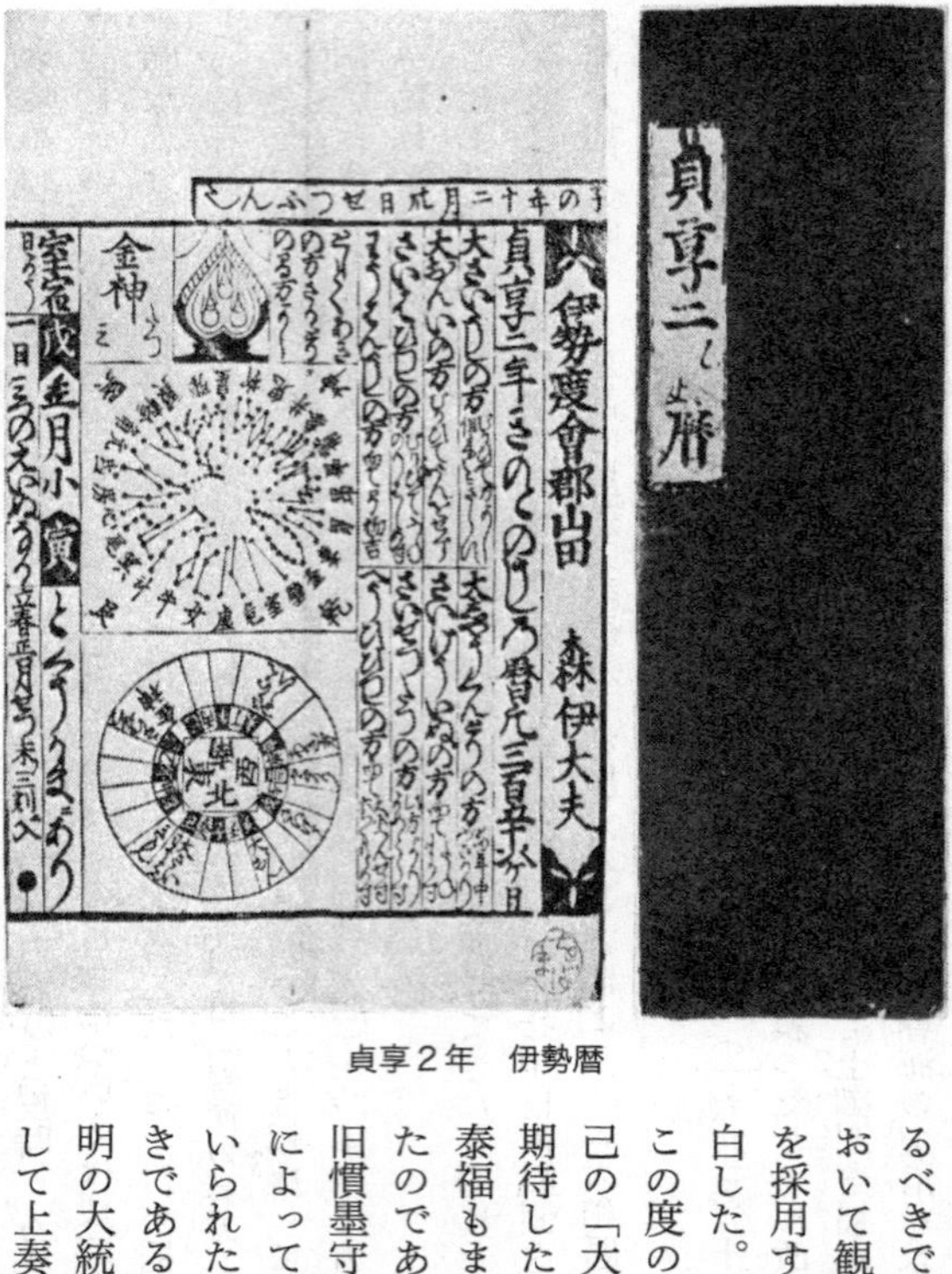

貞享２年　伊勢暦

朝の暦法をそのまま用いるべきではなく、本朝において観測編纂した暦法を採用すべきであると建白した。もともと春海のこの度の改暦の上表は自己の「大和暦」の採用を期待したものであったし泰福もまたこれに同調したのであるが、因循姑息《こそく》、旧慣墨守の公家達は前例によって中国ですでに用いられた官暦を用いるべきであるとして、ついに明の大統暦の採用を決議して上奏した。このため貞享元年（一六八四）三月三日霊元《れいげん》天皇は大統暦への改暦の詔を発布した。

しかし春海は泰福と協力して梅小路において八尺の鉄表を立てて日月五星の観測を行って「大和暦」の正確であることを確めた上で、改めて「大和暦」の採用を願い出た。そしてついに同年十月二十九日に至って新暦採用の宣下があり「大和暦」は「貞享暦」と勅名を賜って施行されることになった。

貞享暦による貞享二年暦の稿本は大経師《だいきょうじ》の手で版を起して各地の暦師に配布された。今日京暦と伊勢暦の一部に新暦法による貞享二年暦が見うけられるが、他の地方では間に合わず宣明暦のままで、翌三年暦から貞享暦によったものを作成している。

それにしても貞享暦への改暦が年末に行われたから、とうてい翌年の頒暦《はんれき》には間に合わないはずである。おそらく朝廷での正式の手続きが済まないうちに翌年暦の準備が進められていたのであろう。

貞享改暦が成功したのはいうまでもなく春海の勝れた天文暦学についての才能に負うところであるが、それだけでなく彼が幕府の碁方という家職によって、保利正之や徳川光圀《みつくに》を始めとして幕府の要人に接触しその庇護を受けることができた点幸運であった。幕府もまた武家として最初の改暦を実現すべく援助を惜しまなかった。たとえば春海の二度目の改暦上奏に先立って、土御門泰福を諸国陰陽師主管とし朱印状を下している。これによって土御門家は全国の陰陽師を配下とすることになったわけで、それによる収益は莫大《ばくだい》なものがあったと考えられる。また改暦の準備のために多額の金銭を支出している。陰陽頭《おんようのかみ》土御門泰福に対する幕府の懐柔策は万全であった。

一方春海は泰福に師事して神道の教えを受け、占部氏にも交り、多くの公卿との交流があった。彼が京都の生れで一年の半分を江戸に半分を京都に生活していたことはこの点で好都合であった。彼は二度目の上表の中で「今天文に精しきは、則ち陰陽頭安部泰福、千古に踰《こ》ゆ」と泰福を持ち上げることを忘れてはいない。

改暦の大役をはたした春海は年末に江戸に帰ると幕府から褒賞を賜り、最初の天文方に任命された。これ以後幕府天文方で作暦し、土御門家が配下の暦博士幸徳井家に陰陽道的暦註を加えさせてから、大経師に頒暦の稿本（写本暦）を印刷させて天文方の手から各地の暦師に配布することになった。

各地の暦師は稿本通りの頒暦の見本刷りを天文方に送り、その校閲に合格すると天文方から押切と称する出版許可証をもらって、始めて本格的に印刷を開始するのであった。かくして中世以来各地の暦師が各自頒暦を編纂発行していたものが、幕府天文方によって完全に統一されることになった。これ以後頒暦の内容は全国同一となり、天文方から下付された稿本以外の記事を掲載することは許されなかった。ただ体裁だけはこれまでの慣習によって各種のものが作られた。

暦師を認可する権限もまた天文方の手に帰したので、幕府による頒暦の統制がここに実現した。

改暦と西鶴・近松

貞享の改暦は八百二十余年ぶりの改暦であり、武家政権誕生以来始めてのことであった。当時の人々にとっては前代未聞の事件であり、それだけに専門的な面からの意義はともかく、一代の盛事として世人の関心を集めた。そのことは当代売出しの二人の作家、すなわち井原西鶴《いはらさいかく》と近松門左衛門《ちかまつもんざえもん》とがただちに改暦を題材にした作品を発表したことからも覗《うかが》われるのである。しかもこの競演には京阪楽壇において覇者《はしゃ》といわれた宇治加賀掾《かがのじょう》と新興の竹本義太夫《ぎだゆう》との一騎討がからんでいたから、いやがうえにも世人の注目を集めることになった。

改暦直後の貞享二年正月に京都から宇治加賀掾が大坂に下って、前年始めて櫓《やぐら》を立てた竹本義太夫と技を競うことになった。加賀掾は西鶴の新作『暦』を興業し、一方義太夫は近松の『賢女手習并新暦』を上演して対抗した。そして軍配は義太夫側にあがったのである。

『暦』も『賢女手習并新暦』もどちらも貞享改暦の人気をあてこんだ際物《きわもの》で、とくに後者は題名からも察しられるように、旧作に少し手を加えて改暦の話を付けたしただけのもので、筋も荒唐無稽《こうとうむけい》で暦の話は最初に顔を出すだけで後は一体どうなっているかまるで顔を出さないで終ってしまう。

これに対して西鶴の『暦』は筋としてははるかに立派で作品としてはこの方が数段上のように思われるが、これまで浄瑠璃《じょうるり》の経験の少ない西鶴はいわば素人《しろうと》で、実際の上演にあたって聴衆をうならせたのは近松の作品であった。いずれにしても改暦を主題としており、作中に暦についての記述があり、作者の改暦や暦に対する関心の深さや理解の度合を探知することのできる点できわめて興味深いものがあるので両作品の概略を紹介してみよう。

【西鶴作『暦』】

時は持統《じとう》天皇の白鳳《はくほう》二年卯《う》月一日、天文博士木津良広信の伝奏によって、元嘉暦《げんかれき》・儀鳳《ぎほう》暦《れき》の二暦のいずれかをもって改暦が行われることになった。そして三条前中納言兼政の提出した儀鳳暦が採用になったところから、大伴朝臣忠頼との間に確執が生じ、勅令によって富士山頂での観測に下向した兼政と広信は忠頼方の奸計《かんけい》によって身におぼえのない不行跡の罪を問われて流罪となる。しかし最後に冤罪《えんざい》であったことが明らかとなり、忠頼の奸謀が露顕して大伴一族は断罪され、かねて兼政に想いをよせていた高橋宰相吉連の遺子あさがほ姫と目出度く結ばれる、というのが大筋である。

改暦を主題としながら暦に直接ふれているところはあまり多くない。まとまったものでは天文博士木津良広信の伝奏のくだりぐらいである。

「そのかみ欽明天皇の御宇に。しん（新）羅はくさい（百済）こくより暦のひしよ

(秘書)をわたしおはんぬ。それより世々をへてたとへば日月のめぐり。又はせつ(節)のかはる事つら〳〵是をかんがふるに。一年の行事にさへ一日しぶんど(四分度)の一刻程ちぢまり候。さるによつてばんほくせんさう(万木千草)のかいらくまでこと〳〵くたがひ。しこうさんれい(時候三令)せつならず。ねがはくはしんれきの二くはん。元嘉暦儀鳳暦にして年中ちうやのこきうまで。つまびらかにつかふまつりなは。万人のよろこびまつせのてうほう是にすぎず」

時代を持統天皇の白鳳二年に設定しているのは江戸時代には時事的問題を直接文芸作品に表現することがタブーとされ、他の時代に仮托する習しであったからで、持統四年に元嘉・儀鳳の二暦を用いたという『日本書紀』の記録によったものである。

それにしても、暦を題名としていながら暦のことには僅かしか触れていないのはどういうわけであろうか。西鶴は後に紹介する暦師の家での事件を取り扱かった作品でも暦について触れていない。西鶴はもともと暦についてあまり深い知識がなかったとも考えられるし、そのような低俗な手法で聴衆におもねることを潔《いさぎよ》しとしなかったからとも考えられる。

しかし西鶴のこのような高踏的態度は改暦人気をあてこんだ際物《きわもの》的興行の脚本としては成功するはずはなかった。

【近松『賢女手習并新暦』】

これは円融院法皇の時代、改暦のことがあって左中将藤原実方《ふじわらのさねかた》と三位別当安国とが東西に派遣されて天行の実測を命じられるが、これが発端となって実方の愛人で菊池道清の遺子瑠璃《るり》姫と太刈丸の二人が、父の仇安国を蝦夷《えぞ》において討果すという仇討話に展開する。ところが暦の話は第一段に出てくるだけで、あとは全く忘れてしまって暦の「こ」の字も出てこない。まったく人を喰った話であるが、この作品は西鶴の『暦』に対抗するために旧作に「新暦」の部分を応急に書き加えたのだから仕方がない。

第一段の最初の部分はなかなか盛り沢山に暦についての記述が見られるが、古文でそのうえ少々長文である。同じ趣好のものが後に紹介する『大経師昔暦』のなかに「こよみ歌」として登場するので、ここでは割愛する。

時代を平安朝の中頃一条《いちじよう》天皇の長徳《ちようとく》元年（九九五）に設定しているが、貞享改暦の際の話題となった宣明暦・大統暦・授時暦などが登場してくる。

復日・鬼宿日・万倍日・大明日などの暦註、伊勢暦・三島暦・柱暦などの頒暦など文中に暦に関する名称や用語が沢山用いられている。ただし「一年の日数大小の増減三百六十四分度の一つに割り……」の日数は三百六十五日と四分度の一ではないかと思われる。また「積り〳〵て四百年の内に三日の違ひと成り候これ宣明暦の誤りなり」とあるのは、ちょうどユリウス暦の誤差と一致するが、ここでは宣明暦のことを言っているのだから、どう考えても理解しにくい数である。

また月食について「此の新暦の表月蝕の事。東国にて未だ満たず西国にて満つるとあり。

僅か日本の内にさへ月日のめぐり東西の差別あり」と述べているのは、貞享暦による貞享二年暦の十一月十五日の月食の記事によったものである。

それには「月帯そくとらの下刻より十六日朝まで東国においては未既、西国において皆既して入」とあり、国内での里差を考慮しての記述である。このような表現は宣明暦時代には考えられないことで、春海の発明によるものである。一般の民衆には宣明暦と貞享暦の差違については理解する余地がないわけで、日月食の予報によって正確か不正確かを推測したり、このような記事によって両暦の暦法上の相違を知り、従来にないきめ細かい表現に感銘を受けたわけである。

近松が早速この点に着目して作中に採用し、なお筋の発展の上で重要なポイントにしていることは彼の際物作者としての資質を知ることができる。

大経師事件と西鶴・近松

世人が詳しいことは分らないままに一世の盛事と騒いだ貞享改暦のさなかに、暦屋の総本家とでもいうべき京都の大経師《だいきようじ》家で、女房が手代と不義をはたらき露顕するというスキャンダルと改易という事件がおきた。そしてこの事件を題材として西鶴と近松とが作品の上で競争する第二ラウンドが展開された。

もっとも今回は西鶴が得意とする小説という形をとったから、第一ラウンドとはちょっとおもむきの違う競演ということになった。一方近松の作品もその後歌舞伎《かぶき》の人気世話物の一つとしてしばしば上演されて今日に至っている。

この事件の大筋は大経師意俊の女房おさんが手代と密通し、中立《なかだち》をした下女お玉と三人が丹波国《たんばのくに》氷上郡山田村に潜んでいたところを捕えられ、天和三年（一六八三）九月二十二日に京都粟田口《あわたぐち》で処刑となったもので、三人とも町中引廻しの上おさんと茂兵衛は磔《はりつけ》、お玉は獄門となった。また密夫茂兵衛の兄弟三人と宿をさせた仁兵衛という者他二名が京都や丹波国の在所から追放されている。

大経師意俊（意春と書かれることもある）、女房さん、手代茂兵衛、下女玉はいずれも実在の人物で、意俊は浜岡権之助の道号である。またおさん、茂兵衛の墓と伝えられるものが伏見区深草の宝塔寺に現存している。

西鶴の『好色五人女』巻三の「中段に見る暦屋物語」はこの大経師事件を実説に近い形で書いている。その大筋は五月十四日の影待（日待）の夜、慰み物にしようと手代茂右衛門を下女の床にさそう。そこには主人の女房おさんが下女の代りに寝ていて、茂右衛門が忍んで来たところを騒ぎたてて恥をかかせようという手の込んだ計略を仕組んであったのだが、おさんを始め一同つい熟睡してしまい、その結果不幸にもおさんと茂右衛門が結ばれてしまう。かくなる上は毒喰《くら》えば皿までと、二人は五百両を持ち出して駈落《かけおち》し、琵琶《びわ》湖で偽装心中までして世間の目をくらまして丹波柏原に逃げたが、ついに捕われて処刑されてしまう。

『好色五人女』は貞享三年春の刊行であるから、事件が起きてから間もなく、そのうえ茂兵衛を茂右衛門としているがおさんは実名で記しており、実説に近いことがそれだけになま身の人間を感じさせる。

さてこの作品の文学上の評価はともかくとして、題目に「中段に見る暦屋物語」とあり、たしかに大経師家の事件をテーマにしているのにもかかわらず、作中に暦にかけての文言がない。西鶴にとってみれば暦屋の女房だろうが、呉服屋の女房だろうがスキャンダルであればよかったわけで、「中段に見る……」と何か気を引く題名は主人公のおさんを暦の中段つまり十二直《じゅうにちょく》のなかの「おさん」（納・収）に懸《か》けてあるわけである。

近松の『大経師昔暦』は主人公の三十三回忌追善供養のために正徳《しょうとく》五年（一七一五）春に上演されたもので、近松の世話物としては十七曲目に当る。事件から時間も十分たっているところから、西鶴の作品のようなニュース性乃至は臨場感的同時代性の代りに、劇的脚色を醸成させるだけのゆとりがみられるわけである。

主人公おさんが不義に陥る段取りも緻密《ちみつ》に組み立てられていて、登場人物の描写もいきいきとしている。またおさんを最後まで道徳的に潔癖な人物として描き、処刑の直前に黒谷の東岸和尚によって救われるという筋になっており、実説とは違うハッピーエンドにしている。この二つの作品は西鶴と近松のそれぞれ得意の文学上のジャンルで、おのおのの制作態度をよく示すものである。

さて『大経師昔暦』では、大経師の家の描写や暦に関係ある用語が随所に使用されていることが興味を引く。近松はこの作品を執筆するにあたって暦や大経師について充分資料を集め、じっくりと構想を練ったものと思われる。

まずその荒筋は、京都四条烏丸の大経師以春の新暦弘めの日、ごった返しているところへ女房おさんの母が訪れて内密に金の融通を頼む。おさんは手代の茂兵衛に頼むがこれが主人の金を盗もうとしたと誤解される。かねてから茂兵衛に好意を寄せていた下女お玉がこれをかばう。そこで茂兵衛は感謝の気持を示すためにお玉の寝所に忍んでくる。一方おさんは日頃夫が言い寄ってきて難儀をしていることをお玉から聞き、夫に恥をかかそうとお玉と床を取り替えていたところから、不幸な偶然が重っておさんと茂兵衛は不義の関係に陥ってしまう。これを家人に見付けられたため二人は大経師の家から逃出して転々とし、ついに茂兵衛の郷里丹波柏原で発見され、京に引かれて処刑されるところを黒谷の東岸和尚が法衣をかけて助命されるのである。

最後の法衣をかけて助命する部分は実説と相違するわけだが、観衆の期待する最後のどんでん返しのハッピーエンドで、ここらが劇作者としての近松の腕の見せどころであるが多少安易な感じがなくもない。こういう助命嘆願の事例は当時実際にあったものらしい。

はじめに述べたように、この事件は天和三年九月に一件落着している。つまり貞享改暦の前年のことである。しかし近松は事件の発端を貞享元年十一月朔日《ついたち》に設定している。これは大経師家におきた事件と貞享改暦とを結び付けて、この話をより印象的に展開しようという意図からでたものであろう。

近松『大経師昔暦』

第一場は新暦献上の日の大経師家に設定されている。

「梅の暦の根本大経師以春とて。袴いらずの長羽織家居も京のどうぶくら。諸役御免の門作り名高き四条烏丸。すでに貞享元年甲子の十一月朔日。来る丑の初暦今日より弘むる古例に任せ。主以春は未明より。禁裏院中親王家五摂家清華の御所方へ。新暦を献上し方々のめでた酒。嘉例の如く去年の如く。十徳着ながら火燵に。とんと高鼾《いびき》。算用場には手代ども進上暦の折包。江戸大坂の下暦地売子供の取捌。一門振舞祝儀の使。竈《かまど》の霞鱠《なます》の雪。春めき渡る摺鉢の音。今日の霜月朔日を元日とこそ祝ひけれ」

十一月朔日には京都の暦屋は新暦を禁裏や所司代などに献上して廻るのが恒例であり、暦屋にとってこの日は正月同様の祝日であった。近松は実際に京都の暦屋を訪れてこの光景を見たことがあるのだろう。実に活《い》き活きと描写している。

この第一段については想い出話がある。それは筆者の若い頃に前進座が東京渋谷《しぶや》の東横劇場で『おさん茂兵衛』を上演するというので、演出の方に大経師の店内でどんな形の暦を小道具に使われるのかと覗《うかが》ったところ、それは折本の暦だという。

　そこで京暦は伝統的に巻暦なので、大経師の店内に折暦や綴暦を持ち込んだのではおかしなことになる旨お伝えして、京暦を二、三お目にかけた。なるほど今まで気が付かなかったので早速小道具方に巻暦を造ってもらいましょうということになった。

　筆者は初日に少々ワクワクしながら観劇に出かけたところ、ちゃんと巻暦が並べられ、そのうえ巻暦をひらひら巻いたり延ばしたりうまくあしらった所作まで入っているので感心したり喜んだりしたものである。

『大経師昔暦』といえば歌舞伎通の人ならば、「あゝあれか」と思い出されるほど知られているのが「おさん茂兵衛こよみ歌」である。これは捕えられたおさんと茂兵衛が馬の背に乗せられて京に引かれて行く道行きを歌ったもので、「こよみ歌」とあるように暦の用語で綴られている。当時の頒暦に記載されている暦註その他がまことに巧みに歌い込まれている。

「おさん茂兵衛こよみ歌　乗る人。も乗せたる駒も。遂に行く道とは知れど。最期日の。今日か明日かの我が身には我のみ消ゆる心地して。数多《あまた》の人の命乞。それを杖とも柱暦の紙破《や》れて。向ふそなたは都の恵方。二人が身には金神と。思ひ返せば胸塞り。月塞りの駒の足隙ゆく。駒の世のたとへ八十八夜は及びなき。年は十九と廿五の。名残の霜と見上ぐれば空に。知られぬ露の雨はら〳〵ほろ〳〵縄目に伝ひ。鞍坪に伝ふ涙の十方暮《じつぱうぐれ》。泣く〳〵引かれ。行く姿余所の見る目も。哀れなり。人目盗みて顕れて。不義ぢやのなんの庚申《かのえさる》今日は明日の甲子《きのえね》と知らで逢ふ夜の其の報。世上の口に謡はれて。合せて見ても合ぬ中。丸い苧《を》小笥《ごけ》に角の蓋。真苧《まお》績《う》みためて。綯《なひ》交ぜて今は我が身の縛縄《しばりなは》。譏《そしり》を受けん情なや。おさん茂兵衛にいふやうは。由なき女の悋気《りんき》故。なんの科なきそなたまで。あれ不義者と危日《あやぶにち》遂に命の滅日《ほろぶにち》。湯殿始に。身を清め新枕せし姫始《ひめはじめ》。彼の着衣《きそ》始引きかへて引かるゝ駒の蔵開。思へば天一天上の。五衰八専間日もなし。只何事も坎日と声も。涙にかきくるゝ。茂兵衛やう〳〵顔をあげ。こは愚なりおさん様。火に入り水に入る事も定む因果と諦めて。せめて未来の黒日《くろび》を遁れ二季の彼岸に到らんと念じ給へや南無阿弥陀。南無阿弥陀仏に帆をあげて。共に弘誓の船乗よし。紅蓮の井戸掘焦熱の。地獄の竈塗吉なやと急がぬ。道をいつの間に。越ゆる我が身の死出の山死出の。田長の田刈よし。野べより先を見渡せば。過ぎし冬至の冬枯の。木の間〳〵にちら〳〵と抜身の鑓の恐しや。あれでそなたの身を突くか。〽是でそもじを殺すかや。〽血忌《ちいみ》も今は偽りと。〽二人は顔を打合せ。口説き焦れて泣く涙馬の尾髪や浸すらん。また冱《さ》え返る。夕嵐雪の松原此の世から。かゝる苦患に往《わう》亡日《まうにち》。島田乱れてはら〳〵〳〵顔には。いつの半夏生《はんげしやう》。縛られし手の冷さは。我が身一つの寒《かん》の入り。涙で指の。爪取よし袖に氷を。結びけり。つく〴〵物を案ずるに。我は剣《つるぎ》の金性《かねしやう》の。刃にかゝる約束か。私は土《つち》性墓の土。何とて墓に埋れず。遂に木性の空に。骸を曝し。名を曝し。何度小歌に作られて。強き処刑《おきめ》に粟田口《あはたぐち》。蹴上《けあげ》の水に名を流すおさん茂兵衛が新精霊《あらしやうりやう》。恥しながら手向草同じ罪科の下女が名の。魂は冥途に通へども。魂魄此の世に留って共に浮名はくだすとも冥途は主従一所にて娑婆で手馴れし玉が業。無間の釜で茶を沸し。往来の人の。回向請け。我が身の悟。開《ひら》く日《にち》。ア、歎くまじ今更に。何く〳〵と凶会日《くゑにち》の。悔むも由無引寄せて。結べば露の。命にて解くれば本の道芝に。やがて亥子《ゐのこ》や五里六里十死《じつし》も過ぎて〽是ぞ此の小川通は三途の川。牢の町さへ近付けば見物群衆とり〴〵の。暦が噂繰返す思へばわしが嫁取よし。我が昔の元服よしの日取もよしや蘆に鷺。裾の模様も絵に写し。筆につらねて末の世に語り。つゞけて〽聞き及ぶ」

暦註やそれに類するものに横線を引いてみた。かれこれ四十五、六にも達している。近松はこれ以外にも随所に暦から取った言葉を使ってこの作品の特色を出している。

さてこの名作の大尾は東岸和尚の法衣の力で助命がかない、

「サァ助けたと呼はる声。諸人わつと感ずる声。道順夫婦の悦びの声は。尽きせず万年暦《ごよみ》昔暦新暦。当年未《ひつじ》の初暦めでたく。開き初めける」

と目出度く暦で結ばれている。

この事件では大経師意春自身は何のお構いもなかった。これは江戸時代の判例で主人の妻と密通した使用人は両人とも死罪となるが、主人自身は罪に問われることはなかったからである。
貞享の改暦に当っても大経師は御写本暦の開版を命じられ、改暦の実施に大きな役割をはたしている。これまでの大経師暦には「大きやうし」（大経師）とのみ記していたが、改暦後最初の貞享二年暦には権之助の名を加えて刊行した。しかし貞享二年暦開板の直後に大経師家は改易を命じられた。

この大経師浜岡家は応仁《おうにん》以来の家柄を称していたが、事実は江戸時代初期からであったらしい。しかし禁裏御用を勤める経師職として、また当初は唯一の京暦の版元として特別な家柄であったようで、店も四条烏丸という一等地にあった。その大経師家改易の原因が何であったかが問題となる。おさん・茂兵衛の不義事件の直後であったところから、この不祥事が原因と考えられやすいが、上述のようにこの事件では主人権之助はお構い無しであったし、翌年の改暦にも一役はたしているのである。

ところが近年になって改易の真相が学習院大学の諏訪春雄教授によって明らかにされた。同教授は前東京大学史料編纂所長桃裕行氏所蔵の京都院御経師菊沢藤蔵家の古記録を精査して、大経師家改易に関する記録を発見され、その分析によって次のような結論に達したのである。

大経師浜岡権之助は貞享改暦の際全国の頒暦権を一手に収めようとして、たびたび京都所司代稲葉丹後守に強請し、さらに直接江戸町奉行所にまで手を廻したことが稲葉丹後守に知られ、その怒りをかってついに改易を命じられたのである。

大経師の名跡は京都室町通松本町の禁中出入の色紙職茂兵衛に伝えられた。茂兵衛は降谷内匠を名乗って幕末まで大経師家を伝えることになる。

このように貞享改暦に前後して大経師家のスキャンダルと改易という事件が続き、いやが上にも世間の耳目をかきたてたのであった。

八章　地方暦さまざま

最も古い版暦

義堂周信《ぎどうしゅうしん》（一三二五―八八）の『空華日工集《くうげにっくしゅう》』の応安《おうあん》七年（一三七四）三月四日の条に「伊豆の熱海に来たところ三島暦ではこの日を上巳節つまり三月三日としていた」という記事が見える。一般に用いられていた暦と三島暦との間で暦日が一日ずれていたことを示す興味ある記事であり、また三島暦という名の最古の例である。

三島暦はこの年は正月、二月ともに大であったはずで、それに対して京暦は正月か二月のいずれかを小としたために三島暦より暦日が一日進んでいたわけである。

三島暦は伊豆国《いずのくに》三島で発行された暦で、三嶋神社の下社家河合家が編暦した。現存最古のものは足利《あしかが》学校に所蔵されていた『周易』の表紙裏から発見された永享《えいきょう》九年（一四三七）暦で、義堂周信の記録から六十数年後のものである。

この三島暦は版木に彫って摺《す》られた摺暦であり、三島暦は早くから木版印刷されていたことが知られ、京暦や南都暦よりも摺暦としては早い。このため摺暦のことを「三島」と

永享9年　三島暦

か「三島暦」と呼ぶようになったらしく、室町《むろまち》時代から近世初頭にかけて明らかに京都で印刷されたものを「三島暦」と呼んでいるし、また三島暦座が存在した。

三島暦の起源は明らかではないが、源頼朝《みなもとのよりとも》以来三嶋神社と鎌倉幕府の結び付きが強いところから、幕府の頒暦《はんれき》として三島暦が発行されたのではないかと推測される。源平の争乱によって京都の頒暦が関東に供給されなかったことも想像されるし、武士階級の興隆によって頒暦の需要が高まったことや幕府の権威を確立する目的をもって三島暦が創始されたのではあるまいか。

幕府としては大量に安価な頒暦を頒布するために摺暦を奨励したものと考えられる。金沢文庫には現存最古の摺暦として正和《しょうわ》六年（一三一七）の具注暦《ぐちゅうれき》が伝えられている。これは具注暦であるが、これも三島暦と考えられている。もしこの正和六年具注版暦が三島暦だとすれば、三島では最初具注暦の出版を手がけ、やがてより広範囲の人々に利用できるように仮名版暦に変更されたものと考えられる。

仮名版暦の現存最古のものは東洋文庫に所蔵されている元弘《げんこう》二年（一三三二）暦の断簡である。この暦は幕末に法隆寺の塵埃《じんあい》の中から発見されたものであるが、筆者は三島暦ではないかと推測している。

内容的に後世の三島暦との共通点があることと、この暦が作られた鎌倉幕府最末期には法隆寺の僧侶がしばしば鎌倉を訪れているからである。それは、幕府に収公された法隆寺の所領である播磨《はりま》国斑鳩《いかるがの》庄《しょう》の返還の交渉のためであった。

したがって、鎌倉への途上にある三島で三島暦を入手する可能性は十分あったわけである。

続いて、三島暦と推定されるのが、栃木県真岡《もおか》市寺内《てらうち》の荘厳寺という古刹の古い不動明王像の胎内から発見された康永《こうえい》四年（貞和《じょうわ》元年＝一三四五）の仮名版暦である。これは、翌年、翌々年と三年連続して残っていたもので、いずれも首尾完結の、しかも虫損などのないものである。

このうち、最初の年の暦が仮名版暦で、他の二年分は仮名書写暦で、内容的にもかなりの相違がみられるから、最初の康永四年暦だけが三島暦と考えられる。

仮名暦を版木に彫るために文字を細かくしたところから、三島暦は細かいものの代名詞となった。そして図柄の似ているところから陶器に「三島手」と呼ばれる図柄のものが出現したと考えられる。仮名版暦の出現は頒暦の量産を可能にし、それまで一部の人々にしか供給されなかった頒暦をより広範囲にわたって普及させることとなった。三島暦は東国の武士階級に広く用いられたものと考えられる。

三島暦に倣《なら》って京暦その他の地方暦が摺暦として出版されてこれらも「三島」「三島暦」と呼ばれることになったわけだが、その様式はいずれも似たようなものになった。つまり文字を細くし、特に一日宛の行間を狭くとって仮名写本暦よりもずっと紙幅の狭いものとしたのである。伊豆の三島暦はその後の仮名版暦の原型となったわけである。

仮名版暦の流行は具注暦時代からの脱皮をうながした。具注暦は版暦化が困難であり、その後も正規の暦として江戸時代まで引き続いて写本暦が製作されたが、一部の公卿《くげ》の間で用いられたにすぎない。

伊豆の三島暦は京暦とは独立して宣明暦経《せんみようれき》によって年々編纂《へんさん》されたもののようで、暦註にも相違がみられ、また暦日の相違も何度か記録されている。

鎌倉幕府の記録『吾妻鏡』の暦日干支のうち京暦と相違するものが非常に多い。これらの大半は編纂の過程で干支を誤って割付けたものと推定されているが、なかには京暦と違う暦によっているものと思われるものがある。それらはあるいは三島暦と京暦との相違によるものかと思われる。

『北条五代記』は小田原北条氏の歴史を記述したものだが、第四十四段の「関八州の舛《ます》に大小有事」の中に、安藤舛を作った重臣安藤豊前守《あんどうぶぜんのかみ》が大宮暦と三島暦の暦日の相違を判定したことが見えている。

「されば安藤豊前守は関八州の代官を一人して沙汰する。世にこえ利根《りこん》才智にして、一つをもて百を察し、爰を見てはかしこをさとる。権化の者といひならはせり。然ば関八州にをいて、こよみをば伊豆の国三嶋、武蔵国大宮、両所にて作り出す。一年北条氏政時代、十二月に至て大小に相違有。両所の陰陽師をめしよせ、此義を御尋とい へ共、諍論に及び決しがたし。故に元日の御祝、いづれ分明ならず。安藤豊前守才智の者なれば、若此義知たる事もせあらんと御尋ある所に……（中略）私宅に帰り、閑所に引籠り此義をせんさくし、果て見れば三嶋のこよみ相応す。是によて三嶋の暦を用ひ給ひ、元日の慶賀をのべ給ひぬ」

この事件は天正《てんしょう》十年（一五八二）から翌年正月にかけての置閏《ちじゅん》の相違に関係したことと思われる。京暦では天正十一年に閏《うるう》正月があり、このことは当時の古文書や古記録で確めることができる。ところが越後・信濃（但し南信を除く）以東では閏十二月と記した古文書類が残されている。つまり東国では天正十年に閏十二月を置き、西国では天正十一年に閏正月を置いている。これは天正十一年の正月を大とするか小とするかによって生じたもので、京暦では十二月を小、正月を大としたため三十日甲申《きのえさる》が雨水（正月中）となり、次の小の月に中気が含まれないところから閏正月となる。一方東国の暦では正月に当るべき月を小としたために中気が含まれないこととなり、この月を閏十二月としたのである。『北条五代記』によると大宮暦と三島暦とでは十二月の大小について争論があったとしているが、これはおそらく大宮暦が京暦と同じく閏を翌年に持ち越したのに対し三島暦が閏十二月としたものであろう。安藤豊前守は結局三島暦に軍配を挙げたために小田原北条氏は三島暦に従うこととなった。このことは同年の小田原北条氏関係の古文書によって確認できるところである。

この年の閏月の問題は京都でも大きな政治問題になっていた。というのは織田信長が三島暦と同系統と思われる美濃の暦を京暦に代えて使用させようとしたからである。結局本能寺の変で信長が殺害されたため、この件は沙汰止めになった。

ところで、右の記事によって武蔵《むさし》大宮暦の存在が知られるのであるが、大宮暦の実物が残っていないのでどのような体裁・内容を持った暦であるのか知ることができない。少なくとも天正十年・十一年の閏に関しては京暦と同じものであったことが知られるが、あるいは全般的に京暦に近い内容の暦であったかも知れない。

小田原北条氏は関東一帯を制圧した覇者《はしゃ》であったから、自己の領国内で内容の大きく相違した二種の暦の発行を認めるわけにはいかなかったであろう。天正十・十一年の閏月のように前年末か翌年年初かと大きく移動する場合は、軍役・収税その他政治・財政上大きな影響を受けるから重大事件であり、少なくともこの年度の大宮暦は停止しなければならない。

もともと小田原北条氏は駿河《するが》・伊豆《いず》・相模《さがみ》へと根拠を移したから三島暦との触れ合いがあり、大宮暦と関係を持つようになったのは武蔵に進出してからであるからあまり馴染《なじみ》の深い暦ではない。

三島暦の暦師河合家にはかつて北条氏康《ほうじょううじやす》から河合左近将監《かわいさこんしょうげん》に宛てた天文《てんぶん》二十三年（一五五四）十一月十五日付の判物が伝えられたようである。この文書には三島暦の専売を認めることが記されていた。ただしこの文書は三島暦についての専売権を河合左近将監に許可しただけであって、北条氏の領内において京暦その他の頒暦の流通を禁じたものではないから、大宮暦が存続していたとしても不思議ではない。しかしながら北条氏の領国が拡大するにともなって三島暦の行用範囲が拡大し、そのために大宮暦との競合や摩擦が発生したものと考えられる。

右の事件によって大宮暦が永久に停止されたものか、一時的停止であるかはっきりしないが、大宮暦は次第に衰退に向ったものと思われる。というのは天正十年から二十二年たった慶長《けいちょう》九年（一六〇四）正月に大宮暦師二名が三島暦の「まね暦」を作ったため幕府から遠島に処せられることになったが、三島暦版元河合家から被官とするという申出があったため赦されたという事件があったからである。

慶長年間にはすでに大宮暦の発行は行われなくなっていたものか、三島暦の評判が良いところから「まね暦」が作られたわけである。徳川幕府は創立の頃は北条氏に倣《なら》って三島暦を公の暦としていたものと考えられる。それだけに「まね暦」（偽暦）の出版の罪は重く一たんは遠島に処すと断罪したのである。

江戸時代から明治へ

江戸時代に入ってからも三島暦と京暦の相違が起きている。それは元和《げんな》三年（一六一七）六月の暦日が一日ずれたことである。ちょうど二代将軍秀忠《ひでただ》が上洛《じょうらく》する時であったため、出発の日程の決定にいずれの暦日を採用すべきかという問題が勃発《ぼっぱつ》して当事者を慌《あわ》てさせた。結局金地院崇伝《こんちいんすうでん》の進言によって京暦に従うことになったのだがこの事件は二年前に豊臣氏を滅して徳川氏が天下を統一した直後であっただけに、かえって頒暦統一の必要を感じさせるものがあったのではあるまいか。そしてその後、貞享《じょうきょう》元年（一六八四）徳川氏による改暦と頒暦の統制・頒暦内容の統一が実現したのである。

宣明暦時代の江戸の町には伊勢暦や京暦も入っていたかと思われるが、幕府では三島暦を公式のものとしていたようである。毎年十一月に三島から河合家の当主が献上暦を持って江戸城にやって来る。この折に時服を拝領することが慣例となっていた。しかし常憲院様（五代将軍綱吉《つなよし》）の代の途中から銀子三枚に替えられている。おそらく、貞享の改暦を機に鄭重《ていちょう》なもてなしが一変してしまったと考えられる。

これはそれまで幕府が三島暦師から暦を受けるという立場であったものが、幕府天文方の創設によって主客立場が一変して、河合家は一地方暦師として頒暦にたずさわるだけの存在となった。年末の暦献上の際の応接の変化はこの立場の変動を反映したものといえよう。

三島暦はこれまで述べてきたように版暦として最古の歴史を伝えるものであるが、三島暦でありながら摺暦でない写本暦が存在する。これは献上暦であるといわれており、幕府と三島神社に献上するための特別製造によるものである。巻軸の両端に水晶を用いるなど装飾を加えた立派なものである。しかし一般には綴暦が頒布され、一枚摺の略暦も作られた。

江戸時代初期、三島暦は伊豆・相模を中心に関東諸国、甲斐《かい》・信濃《しなの》・駿河・遠江《とおとうみ》にまで頒布されていたようであるが、後に伊豆と相模の両国に限定され、両国内での専売が許された。ところが元文《げんぶん》四年（一七三九）には三島暦師河合元随から、近年伊勢御師共が両国内で伊勢暦を土産として賦《わけ》るために三島暦が売れなくなって迷惑である。伊豆・相模両国においては外暦の持込みを禁じてほしいと寺社奉行に訴願している。寺社奉行は老中の裁許を得て三島暦師の主張を全面的に認めて、勘定奉行を通じて山田奉行にこの旨を通達した。

山田奉行加藤飛驒守《かとうひだのかみ》は山田の自治機関である三方会合の当番を呼び、伊豆・相模両国へ伊勢暦を賦ることを禁止する旨通達した。三方会合からは早速山田町年寄達にこの旨を申渡し、それより御師・手代に伝えさせた。これによりこの時は一件落着に及んだのだが、間もなくこの禁止は守られなくなり、二十年後の宝暦《ほうれき》九年（一七五九）には再び伊勢暦の持込みが停止されたが、その後も天保《てんぽう》十二年（一八四一）、安政《あんせい》五年（一八五八）と両者の係争が起きている。

伊勢御師・手代による伊豆・相模両国への喰い込み方はものすごく、あるいは三島暦に紛《まぎら》わしい暦を作ったり、三島暦の発売の二か月も前から伊勢暦や柱暦を賦ったりし（宝暦）、あるいは江戸暦まで持ち込んできた（天保）。

伊勢の御師による他暦への侵犯は三島暦に対してだけでなく各地でおきていた。これはお蔭詣《かげまい》りの流行などによって触発された伊勢信仰の高揚によって、神宮の大麻（おふだ）を毎年受ける人達が多くなったことによるものと思われるが、土産暦（賦暦）とはいいながら全体的に安価な伊勢暦に人気が集ったことも一要因であったと思われる。

ところで河合家は安政の大地震で被害を受けたため改築した直後、火災で全焼して古暦や古記録の多くを失った。現在の家屋はその後のものであるが、幕末の暦師の住宅のたたずまいを良く残している。式台付の玄関の左手に作業場があり、そこで頒暦の製造を行ったと伝えている。各地の暦師の住宅がほとんど失われてしまった今日では貴重な遺構である。近年「三島暦師の館」として公開され、三島暦に関係する資料が展示されている。

このように三島暦師の古い記録は伝わらないが、幸い幕末以降の記録が保存されている。そのなかに慶応《けいおう》三年（一八六七）の『暦弘帳』と題された頒暦台帳がある。これによると静岡県大仁町、修善寺町の一部及び中伊豆町（現在の伊豆市）に属する三十四か村に対する頒暦の実態を知ることができる。河合家の手代が一日平均八か村ほどの名主を尋ね、村中の分を一括して与《あず》けて帰途に集金している。

この頃の同地方の戸数は『増訂豆州志稿』によると二千五戸である。これに対して頒暦の総計は本暦七百八十二冊と略暦百六十三枚であるから、約四七パーセントの普及率ということになる。三島暦では略暦の需要が意外に少ないのは不思議である。この年の本暦の代価百十六文に対して略暦の代価はわずか十四文にすぎなかった。

ところで三島暦（本暦）の代価は幕末のインフレーションの影響を受けて激しく高騰している。三嶋神社宝物館に所蔵されている幕末から明治初期にかけての暦の価格は次の通りである。

万延二年暦（一八六一）　三八文
文久三年暦（一八六三）　四四文
〃四年暦（一八六四）　四八文

元治二年暦（一八六五）　五二文
慶応三年暦（一八六六）　一〇〇文
〃三年暦（一八六七）　一一六文
〃四年暦（一八六八）　一五六文
明治二年暦（一八六九）　二六四文
〃三年暦（一八七〇）　二六四文
〃四年暦（一八七一）　二八〇文

三島暦師河合家も明治五年には頒暦商社の社員となり、太陽暦改暦にあたって大きな損害を受けるが、引き続いて明治七年暦から十五年暦まで頒暦にたずさわる。やがて頒暦の権限が神宮司庁に移り、独自に暦の製造頒布を行うようになったため暦師としての歴史を閉じることになるのである。

伊勢暦の歴史

江戸時代中期以降に頒暦といえば伊勢暦を連想するほど伊勢暦は全国津々浦々にまで普及した最も代表的な頒暦であった。それは伊勢暦が伊勢神宮の大麻（おふだ）とともに御《お》師《し》やその手代によって頒布されたからである。

伊勢神宮（内宮・外宮）に対する信仰は大変歴史の古いものであったが、室町時代になると御師によって全国各地に大麻が配布されるようになり、伊勢参宮の習慣が次第に盛んになって来た。

御師は毎年大麻を配布する際に檀家（氏子）の所にさまざまな土産を持参する。それは伊勢特産の白粉《おしろい》や万金丹、干物、海苔《のり》、昆布《こんぶ》、茶、箸《はし》、櫛《くし》、小刀、織物など雑多であり、なかには名古屋で仕入れた扇子《せんす》、風呂敷、土人形などもあり、時代によりまた配布する地域の好みにより違っていた。

しかし、最も重宝がられたのは暦であった。戦国時代になって京暦が地方へ充分供給されなくなると、諸国を自由に往来できる御師達が頒暦の最大の供給者となったと思われる。

こういう風潮によって、地元の伊勢国飯高郡丹生《にゅう》で頒暦の発行が始められた。丹生の地は松阪市の西方にある風光明媚の地で、現在は三重県多気《たき》郡多気町となっている。ここはかつて伊勢国司として勢を振った北畠氏のお膝元《ひざもと》であり、また丹生の名が示すように水銀の産地であった。

丹生暦は代々杉太夫を襲名する賀茂《かも》家によって発行されたが、その祖は賀茂光栄《かものみつよし》の子保基で天徳《てんとく》二年（九五八）に伊勢国に下って伊勢暦師となったと伝えられている。ただし保基という人物は賀茂家の系図には見当らないし、その下向の年代についても明証はない。享禄《きょうろく》五年（一五三二）に国司北畠氏から賀茂吉泰が伊勢暦師に任じられ、ついで天文《てんぶん》年間には国司の博士とか陰陽師とかに任じられている。

賀茂家はこの頃に北畠氏から領国内の頒暦と陰陽師の支配に関して特別の権利を保証され、伊勢国内においてはまず賀茂家の許可を得なければ他国の暦を頒布したり、陰陽師として活動することができなかった。北畠氏が賀茂家を厚く保護したのは、公卿に出自を持ち国司の系譜を保つ戦国大名としてその特殊性を示すために、陰陽道とか暦道のような文化的なものを庇護《ひご》したのではなかろうか。

この時代のことを伝えたものと思われるが『丹洞夜話』に賀茂杉太夫が多気御所の御台の博士を勤める陰陽師と争論して殺害したが、杉太夫が国士の博士ゆえに死罪を赦されて帰宅することができたと記されている。事の実否は別としてそのような考え方が伝えられたことは確かであり、賀茂家が特殊な技能を持った家系という認識によって発生した物語であろう。

江戸時代には暦師として各種租税が免除されている。これも北畠国司時代からの伝統によったものであろう。この地方は紀州藩領になり、賀茂杉太夫は紀州藩の暦師となり丹生暦は広く紀州藩領で用いられるようになったが、一方伊勢に存在する地理的条件とそれまでの慣行によって神宮の御師達の土産暦としての歴史的性格を保持したのである。

丹生暦はこの地方を支配した権力者には常に関心を持たれたようで、織田信長の次男信《のぶ》雄《かつ》と丹生暦の係りが同じ『丹洞夜話』に載っている。それによると、永禄《えいろく》六年（一五六三）に大坂暦と十二月の大小の相違があって丹生暦が正しいと判定されて大坂暦が停止されたことを述べている。この大坂暦も名前だけが伝えられて体裁内容については不明のものである。もしこの記事が正しいとすれば永禄六年に停止されたことになる。京都に近い場所だけに京暦に近いものであったと思われる。また上洛の件について杉太夫が織田信雄に褒美《ほうび》を賜り取り立てられることになったことを記している。信長が伊勢を攻めて北畠氏を屈服させ、次子茶筅を北畠具房《きたばたけともふさ》の養子にして具豊と改めさせたのが永禄十二年（一五六九）のことであり、具豊が後の信雄である。したがって、『丹洞夜話』の年代にはかなり誤りがある。

このように北畠国司時代の享禄・天文頃から引き続き賀茂杉太夫によって丹生暦が発行されていたはずであるが、丹生暦のあまり古いものが現存しないのでどのような内容・体裁を持ったものか分らない。だが杉太夫が賀茂家を名乗って頒暦にたずさわっていることや、後の伊勢暦が丹生暦の模倣《もほう》から始まったと考えられることなどから、京暦と同一もしくは類似のものではなかったかと思われる。

体裁的にも最初は巻暦であったものが、御師達が各地に運搬する便宜上から折本の様式に変化したものと思われる。丹生暦と伊勢暦だけに見られる折暦の様式は京暦の巻暦と本来同じもので、巻暦よりは折暦にした方がカサがはらない。すでに丹生暦時代に折暦が成立しており、それを伊勢暦が踏襲したのではないだろうか。

この折暦という体裁を採用したことが後に伊勢暦が全国に広まった原因の一つになった

と考えられるのである。折暦は右に述べたように巻暦から発展したものだが、折暦は見たい箇所を開くのが簡単でこの点では巻暦よりはるかに勝れている。運搬にも便利であり、表紙を付けることによって保存上にも利点がある。さらに丹生暦・伊勢暦が折本の体裁を採用したことにはもう一つの意味があると思われる。

折本の形はお経の形である。一方では陰陽師としての肩書で神道・仏教・道教を混合した一種独特の宗教活動を行った神宮の御師達が檀那《だんな》に配布する暦の体裁としてこれほどふさわしいものはない。折本の暦を配られる人々にとって、それは教典と同じように神秘性を持ったものに見えたであろう。神宮の暦という内容上の権威性に加えて体裁上の神秘性を持ったものが丹生暦・伊勢暦であった。

それに加えて時代が降るに従って表紙や用紙に各種の等級のものを作るようになり、檀家の格式や初穂料の多寡によって配布する暦に差をつけるようになった。折暦は他の体裁のものに比して各種の等級のものを作りやすい特色があり、これは賦暦《くばりごよみ》にとっては大きな利点となった。

ところで、北畠氏の滅亡によって丹生暦は保護者を失ったが、伊勢暦師として家系を保つことができたのは御師の土産暦として丹生暦が永く用いられたからであろう。

御師の大半は外宮のある山田《やまだ》に住居を構えていたが、寛永《かんえい》年間から山田で暦が作られるようになり、やや遅れて内宮のある宇治《うじ》でも板行されるようになった。山田での頒暦の製作は寛永八年（一六三一）に森若太夫が、ついで箕曲甚太夫が賦暦と売暦を板行したのが最初であるといわれ、この二人は陰陽師であったが、寛永十九年からは陰陽師の資格を持たない白人《しろうと》暦師にも頒暦（賦暦のみ）の発行が認められるようになった。

貞享《じょうきょう》改暦までの伊勢暦は折暦という点が共通点であって、内容は版元によりかなりまちまちであった。暦註など京暦の系統に属するが全体の記事や割付けなどはもっと自由で、より民間の嗜好に合わせたものであった。たとえば恵比寿《えびす》・大黒《だいこく》の絵が入っていたり、暦註の説明や伝暦抄和歌などが上段欄外に記載されていた。

伊勢暦の暦註で特色のあるものは八十八夜、二百十日、二百二十日などの記載である。これらは伊勢地方の農耕・漁撈《ぎょろう》などの生活体験から発生した知識で、いままでどの頒暦にも掲載されなかったものである。

いずれも立春からの日数を用いるもので、貞享改暦以後渋川（安井）春海によって官暦に記載されることになり、今日でも一般に広く用いられる暦註であるが、このようにもともとは伊勢地方の民間に伝えられたものであった。

伊勢暦に見入る女性　国芳画

よくいわれることだが、伊勢参宮やお蔭詣《かげまい》りは伊勢暦を入手するためだと。しかし暦は毎年年末には配り終っていなければ役に立たないので、何十年に一回という割合で起きるお蔭詣りは論外としても、伊勢参宮や代参講のようなものでも伊勢暦の供給ルートとしては安定したものとはいえない。すでに御師とその手代による大麻配布の組織が全国的に確立しており、伊勢暦もそのルートで年々確実に頒布されていたのだからそれ以外の入手の必要性は考えられない。

	（文久二年代価）	（文久三年代価）
広折金扉暦	二匁五分	二匁八分
金　扉	一匁九分	二匁三分
布　目	一匁五分	一匁七分
鳥の子	九　分	一匁一分
仙過両戸	五　分	六分八厘
仙過大折	四分三厘	五分六厘
大　折	三分五厘	四分七厘
諸口大折	三　分	三分六厘
中　折	二分五厘	三分五厘
上　紺	二　分	三　分

幷　紺　一分六厘七毛　二分五厘
半 紙 折　一分三厘　一分九厘
雲　形　一分一厘　一分八厘
巻　八厘七毛　一分三厘

右は文久三年に内宮暦師佐藤伊織の文久二・三年（一八六二・六三）の頒暦代価の一覧表で、ご覧の通り、体裁や用紙の相違するものが十四種類も作られ、代価も二匁五分（二匁八分）から八厘七毛（一分三厘）までさまざまである。他の暦師も似たりよったりの傾向であるが、山田の暦師は最高級品として泥絵で若松を描いたものを作っており、代価は広折金扉暦とほぼ同じであった。なお「巻」というのは折暦の表紙の付かない略式のもので用紙も薄い粗末なものを指しており、京暦の巻暦とは違うものである。

幕末のインフレーションによって伊勢暦の元値や代価も高騰したわけで、この暦を仕入れた御師達が土産という形で頒布することになる。伊勢暦は原則として賦暦であるから厳密にいえば代価は付けられぬとはいっても事実上は西鶴が『胸算用』のなかで「毎年大夫殿から御払箱に鰹節一連、はらや一箱、折本の暦、正真の青苔五把、彼是こまかに直段附けて、二匁八分が物申請けて、銀三匁御初穂上ぐれば高で二分余りて、お伊勢様も損の行かぬ様に……」（伊勢海老は春の紅葉）と記しているように檀家から料金を徴収するわけである。ただ家格その他によって毎年頒布する暦のランクが自然と決っていたといえよう。

伊勢暦は大神宮の権威と確実な頒布方法と使用上の便利さとによって急速に全国に普及し、その発行部数は二百万に達し、全国の約四割を占めたと考えられる。伊勢暦が江戸時代に暦の代表とされたのは当然といえよう。

地方暦さまざま

江戸時代には各地の暦師がそれぞれの体裁の頒暦を発行していた。それらのなかで会津暦、三島暦、丹生《にゅう》暦、京暦、南都暦などは中世以来の歴史を持つもので、すでに鹿島暦（常陸）、大宮暦（武蔵）、大坂暦（摂津）などは断絶していた。また江戸時代に入ってからは泉州暦、伊勢暦、薩摩暦、江戸暦、仙台暦などが新しく登場したし、幕末近くなってからは弘前《ひろさき》暦、秋田暦、盛岡暦、月頭暦（金沢）などが加わった。

このうち会津暦は会津若松の諏訪神社から発行され、広く東北地方や北関東にまで頒布された。会津暦は諏訪神社の社家三家から賦暦が出されるとともに、菊地庄左衛門から売暦が出されていた。会津暦は永享《えいきょう》年間（一四二九―四〇）に頒暦の許可を得ていたと伝えられており、その歴史は古いが現存するものは寛永《かんえい》十一年（一六三四）を最古とする。

この暦をはじめとして初期の会津暦は木製の活字印刷によっており、会津地方における印刷文化の発展を物語る貴重な史料となっている。さらに興味あることは、会津暦の綴方《とじかた》である。綴暦は通常二ページ分を一枚の板木に彫って刷りそれを袋綴にするのだが、会津暦は四ページ分を一枚に刷ってそれを折って綴じる。一年分はまず二折にしてからそれを合わせている。つまり活版印刷の手法がそのまま使用されているのである。

会津暦は活字印刷から板木摺りになってからも当初の綴方を続けている。

東北地方では大藩伊達《だて》家の城下仙台でも延宝《えんぽう》から正徳《しょうとく》頃にかけて仙台暦を出版していた。初期のものはどうやら伊勢暦を真似たものであったらしく、この点江戸で出された「鯰絵《なまずえ》の伊勢暦」と事情が同様である。正徳年間に絶版になったのは官暦に掲載されている暦註以外の記事を加えたためであった。これ以後はもっぱら江戸暦が用いられていたが、安政《あんせい》元年（一八五四）に幕府の許可を得て神明神社の神職平野伊勢が作暦し伊勢屋半右衛門から売り出された。この仙台暦は初期のものと同じく冊子型の綴暦で小型のものと、余白を付けた大型のものとがある。

同じく大藩の城下町金沢では月頭《つきがしら》、月頭暦《げっとうれき》と呼ばれる一枚刷の略暦が出されていた。これは城下の商人が版権を買って出版したもので、年々版元が移動している。正しくは月《つき》頭《がしら》と呼び月の大小、朔日《ついたち》の十二支と主要な暦註を加えたものである。幕府の正式の認可を得たものではないが、大藩前田家の庇護と略暦ということで黙認されたものであろう。

薩摩暦は貞享改暦の際源頼朝の許可を得ているという藩の主張によって独自の暦算が認められたものだが、実際には宝暦暦以後の頒暦しか残っていない。天文生を自称する水間氏が作暦に当った。薩摩暦には他の頒暦に見られない独特の暦註が多く、近世中国の頒暦

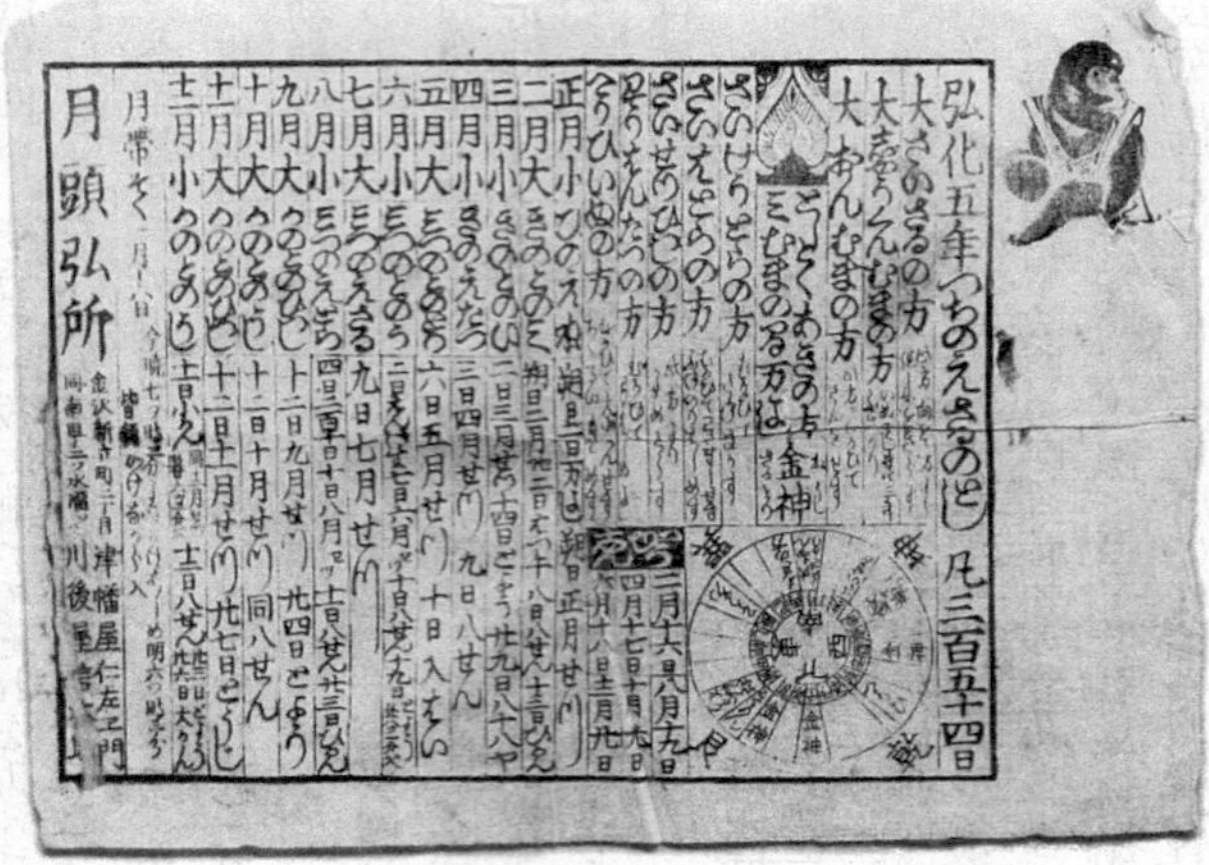

弘化５年　金沢月頭暦

との関係が推測される。これは薩摩藩が中国の正朔を奉じていた琉球《りゅうきゅう》王国を実質上支配下に置いていたことによるものと思われる。

ところでこれらの頒暦と多少性格の異るものが弘前暦である。弘前暦には二種類あって、一つは藩校稽古館で発行された稽古館暦であり、一つは藩の御用商人竹屋慶助の出版した竹屋暦である。

稽古《けいこ》館は寛政《かんせい》八年（一七九六）に設立された弘前藩の藩校で、その数学研修のために略暦の編集と出版を幕府に願い出て許可されている。現在文政《ぶんせい》七年（一八二四）以降明治初年藩校が廃止になるまでのものが弘前市立図書館に所蔵されている。

稽古館暦は葉書より少し大判程度のコ

ンパクトなもので、年間の主要暦註が細字で記されている。目的が研修ということにあるので関係者だけに配布され、一般には出されなかった。暦註は官暦と同一であるが、ただ一つだけ弘前地方の気候に合わせたものがある。それは「花盛」で毎年太陽暦の四月二十日頃になるよう日付が考慮されている。

稽古館暦では慶応《けいおう》五年己巳《つちのとみ》暦がある。一般の頒暦では慶応四年九月の改元によって明治二年暦としているが、戦燼《せんじん》なお収まらぬ東北の辺地ではこの頒暦を作成したころまだ改元の報が達しなかったのか、あえて無視したものか依然として慶応を使っている。

それとともに官暦が伝達されないため暦註の一部に相違がみられる。それは六月十五日の月食記事では、他の頒暦に五分半としているのに対し「六分」をはじめとして、七月朔日の日帯食や十二月十六日の月食皆既の説明文に差違が認められる。

なお、この明治二年暦は弘前藩だけでなく東北諸藩には官暦が伝えられなかったため、盛岡ではそれまで盲暦や略暦を手がけていた舞田屋が江戸暦と同じ体裁の「盛岡暦」を臨時に板行している。

文化８年　薩摩暦

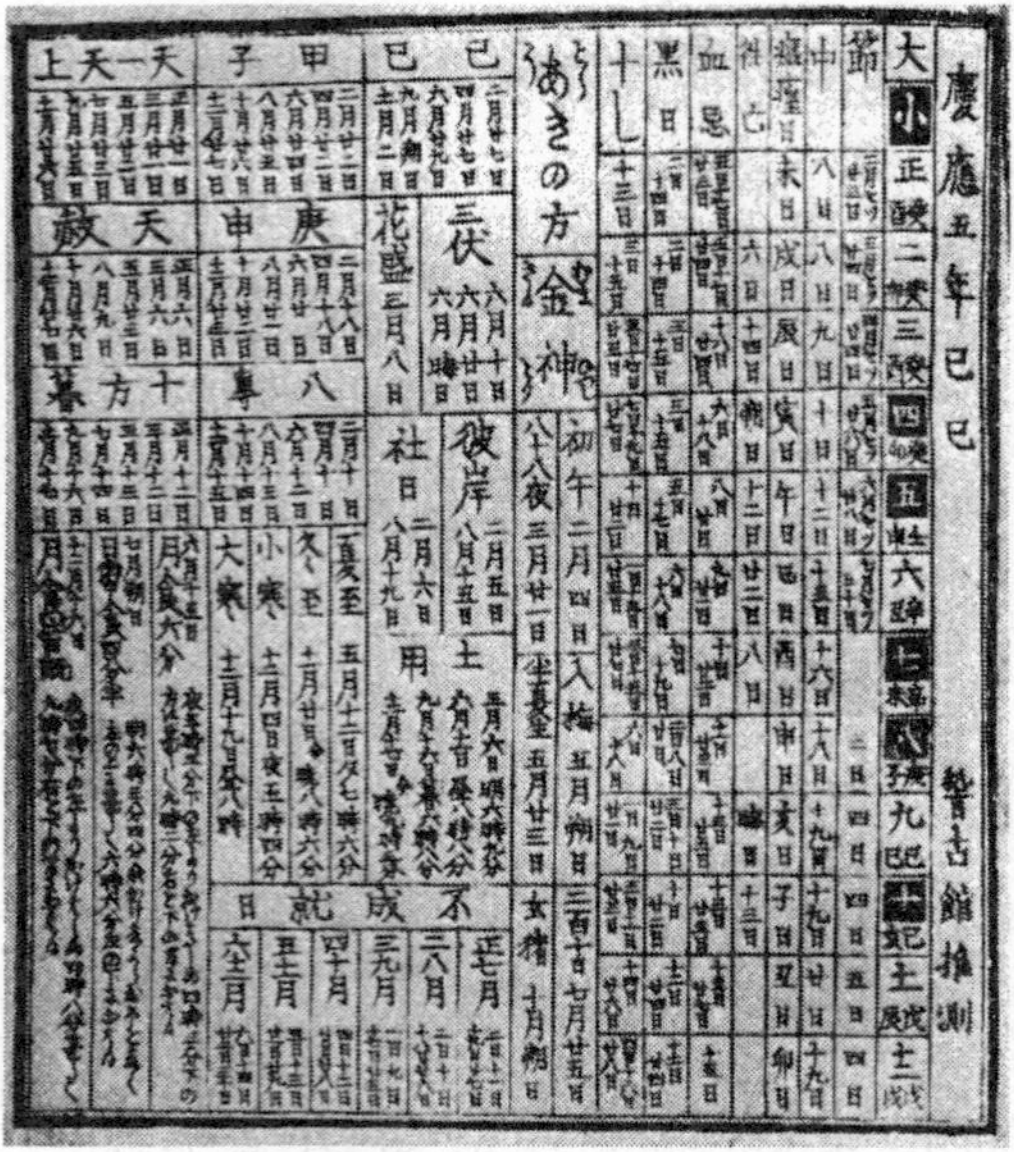

慶応５年　弘前稽古館暦

竹屋版も稽古館暦と同じく一枚刷ので半紙半分位の略暦である。竹屋慶助は姓は三谷氏、慶輔とも記し、俳号句仏で知られる弘前の文化人である。句仏の名は文政七年（一八二四）江戸に旅した際大窪詩仏《おおくぼしぶつ》の名に対して自から号したといわれる。家は百石取りの御用研屋であったが、彼の代には印判、紅花売買にも手を広げたようである。

藩の許可を得て文政二年（一八一九）暦から略暦を出版し、始め四文のち五文で頒布した。面白いのはこの暦の奥付で、文政二年暦には「板元親方町竹屋」、同三年暦「弘前親方町竹屋慶助板」、同五年「弘前親方町竹屋慶輔板」と最初のものは住所や名前だけであるが、文政七年暦からは欄外に広告が入ってくる。
以下主要なものを紹介しよう。

文政　七年　（左欄外）大小暦之義是迄青森表よりも売弘候処当申之年以来私一手ニ
被仰付十一月朔日より売弘申候

〃　九年　（左欄外）此度おろし売ハ壱枚ニ付三文壱枚売は四文右之通被仰付候一
御国産きせる取次所

〃　十二年　（左欄外）此度亀甲町之紅屋名物朝日べに私方にて売弘申候願之義御用
向被仰付度奉希候以上

〃　十三年　御用御紅所　万彫刻師　弘前親方町　竹屋慶輔

〃　十四年　（右欄外）土用に入候せつ紅花何ほとも買入申間たくさん御うへつけて
下被候
（左欄外）そうどく一方丸一まはり三十日　但薬用中一さい用だちなし
又さいほつの奇薬あり

天保　三年　（左欄外）さうどく一方丸。らいひよう□経円薬用中とくだちなし奇薬
あり。紅花買入候間沢山御うえ付被度奉願候

〃　六年　（左欄外）長嵜伝来禁物なし　瘡毒一方丸あり
（同後摺りか）半紙高値ニ付卸四文　一枚売五文□□□

〃　九年（左欄外）長嶋伝来きんもつなしさうどく一方丸あり。暦直段是迄の通

嘉永　二年（左欄外）瘡毒一方丸并実母散売弘

〃　三年　御用紀屋　萬彫刻所　略暦売弘所　弘前親方町竹屋慶介

〃　四年（左欄外）長嵜伝来毒たつなし　瘡毒一方丸　婦人一切のめうやく実母散あり

まことに商売熱心なもので、頒暦に広告を入れるようなことは他には例がない。もっとも幕府から正規に認可を受けたものではこのようなことは許可されない。ただし竹屋暦などに影響されたせいか、幕末には引札に公認の略暦を摺《す》り込んだものが出現する。略暦入りの引札は明治に入って盛んになり、それがやがて今日のカレンダー流行の起源になったことを考え合わすと、竹屋慶助は時代の先端を切った人物だということになる。

九章　絵暦

絵暦の代表「大小」

とにかく日本人は暦の好きな国民であるというのが筆者の持論なのだが、その根拠は江戸時代にすでに毎年数百万部という厖大《ぼうだい》な数の頒暦《はんれき》が作られていたことや、二億とも三億ともいわれる今日のカレンダーの製造部数にある。江戸時代の他の出版物の部数からいって頒暦の数量はダントツ的存在なのである。

これは単に暦が必要だったからといったことだけで説明できるものではない。やはり日本人が暦の愛好国民であったからと思わざるをえない。

勿論《もちろん》毎年月の大小の配列が変り、実際の季節を知る上からも今日以上に頒暦が生活に密着したものであったことは事実であるし、暦の文字を読みこなす程度の識字人口が意外に大きかったことなども原因に数えられるが、やはり根本的には日本人の暦好きという習癖が暦の大量生産を生みだしたものと考えられる。

暦というものは元来実用的なものだが、今日のカレンダーにはそれに加えて美術的な要素や趣味的な要素が含まれている。企業などで製作するものには極端に実用性を抑えたものがあり、もはや暦とは名ばかりのものさえある。

暦でありながら暦としての実用性よりも美術品や趣味の摺物《すりもの》的性格の濃いものは、今日のカレンダーに始まったものではなく、江戸時代にすでに存在した。それが絵暦である。もっとも絵暦という言葉の範囲は広く、その中には大小暦、盲暦、絵入り略暦などが含まれている。これらの絵暦のなかで最も代表的なものが大小暦で、大小暦を即《そく》絵暦と呼ぶ場合もあるほどである。

大小暦という呼称は今日的なもので、本来はただ「大小」と呼ばれた。大小とは月の大小という意味で、月の大小を知らせるための暦ということである。何度も述べたように太陰太陽暦では毎年大の月と小の月の配列が違っている。月の朔望《さくぼう》（みちかけ）の長さは毎月相違しているから、朔を朔日《ついたち》に望（満月）を十五日か十六日に合わせるためには、どうしても大の月と小の月を適当に組み合わせなければならないし、平均して三十二、三か月ごとに一回の閏月《うるうづき》を挿入しなければならない。

その結果、ほとんど毎年大小の組み合わせが違って来る。この大小の配列を覚えるのは一苦労である。太陽暦で生活している現代人は「二四六九士《さむらい》」（小の月）を知っていれば一生不自由しないのだが、太陰太陽暦のもとでは今年の大小は来年には最早通用しないわけである。

こういうわけで、その年の大小を和歌や俳句などの短文で綴《つづ》って覚えやすくすることが早くから行われた。

「大庭をしろくはく霜師走哉」

これは宝井其《たからいき》角《かく》の句集『五元集拾遺』に収載されている「大小の吟　元禄十丁丑年」で、「大庭」は大と二、「しろくはく霜」は四、六、八、九、霜月（十一月）、「師走」は十二月、つまり、この年の大の月、二、四、六、八、九、十一、十二月の数をあげている。

「大小とじゆんにかぞへてぼんおどり」

寛政《かんせい》十三年（一八〇一）の大小の配列はたまたま太陽暦のそれと同一であった。正月から、三、五、七と大が一と月おきにあって、「ぼんおどり」というのは盆の七月が「おどり」繰り返すという意味だから、七、八、十、十二の大となる。

「大好は雑煮草餅柏餅盆のぼた餅亥の子寒餅」

宝暦《ほうれき》十三年は大《正》小《二》大《三》小《四》大《五》小《六》大《七》小《八》小《九》大《十》小《十一》大《十二》の順であったので、「大好き」（大月）を餅《もち》づくしで覚えさせようというもので、雑煮（正月）、草餅（三月）、柏餅（五月）、盆のぼた餅（七月）、亥の子餅（十月）、寒餅（十二月）を並べている。

「大小を順にかぞえてくさめする」

これは松浦《まつら》静山《せいざん》の『甲子《かっし》夜《や》話《わ》』に載っているもので、餅づくしの大小と同じ宝暦《ほうれき》十三年（一七六三）に作られたものであるが、たまたま六十三年後の文政《ぶんせい》八年（一八二五）と配列が同じであったところから、これに多少手を入れたものが作られた。

「大と小打て違ひにくさめする。ハックセウ（八九小）」

文政八年の方が分りやすいが大小句としては宝暦十三年の方が面白い。大小大小大小大と互違いに来て八月と九月だけが小小と重なり、十月以降が大小大となる。

このようにその年の大小を簡単に記憶するために発生した大小はやがて文字に書かれ、さらに絵に描かれるようになる。『甲子夜話』には次のように述べられている。

「年々春初には、其年の月の大小を字画に取成して玩《もてあそ》ぶこと、予が年少の頃より稍《やや》ありしが、次第に増長して、後は全く画に成り、大小の文字は纔《わづか》に衣服の紋、花木の枝間などに散書《ちらしがき》せり。その上近頃は尚更盛になりて、錦繍《きんしう》も及ばざる体に印出す。冬末春初は、殿中をも憚らず貴賤懐中して、人々互に相易《あひか》ふ。最甚しきは春画なり。これ亦世の変を見るべし。然るに又、此頃は好事家、春初には何か一事の考証を版刻して人に施す。これは大小に優れるに似たり」

静山松浦侯は宝暦十年（一七六〇）の生れで、この文を書いたのは文政七年（一八二四）である。大名達が殿中でいそいそと大小暦を交換している姿が記述されていて面白い。そのなかには大小を春画に配したものもあったということである。化政期の新春の城中はまことにのんびりしたものであったらしい。

松浦静山は化政期における大小の流行を紹介しているが、大小の絵暦はそれよりかなり以前から作られている。勿論最初は手描きであったと思われるが、今日残っているものから見ると意外に早くから摺物（版画）となっている。この初期の大小版画に相前後して着物の柄に大小を入れたものが流行しているので、まずそれを紹介することにしたい。

大小さまざま

山東京伝《さんとうきょうでん》の『骨董集』に慶安《けいあん》から万治《まんじ》・寛文《かんぶん》の頃（一六四八―一六七二）、女性の衣服に丸尽しの文様が流行したことを述べ、江戸三浦屋の名妓薄雲の遺品の小袖《こそで》の文様を紹介している。そのなかに一、二、三の数字を繡《ぬ》いとったものがあり、白抜きで十の字の入ったものを図示している。これは大小暦の柄であった可能性がある。またこれに続いて寛文六年刊『新撰雛形』に所載された丸尽し文様の雛形二種を掲載している。

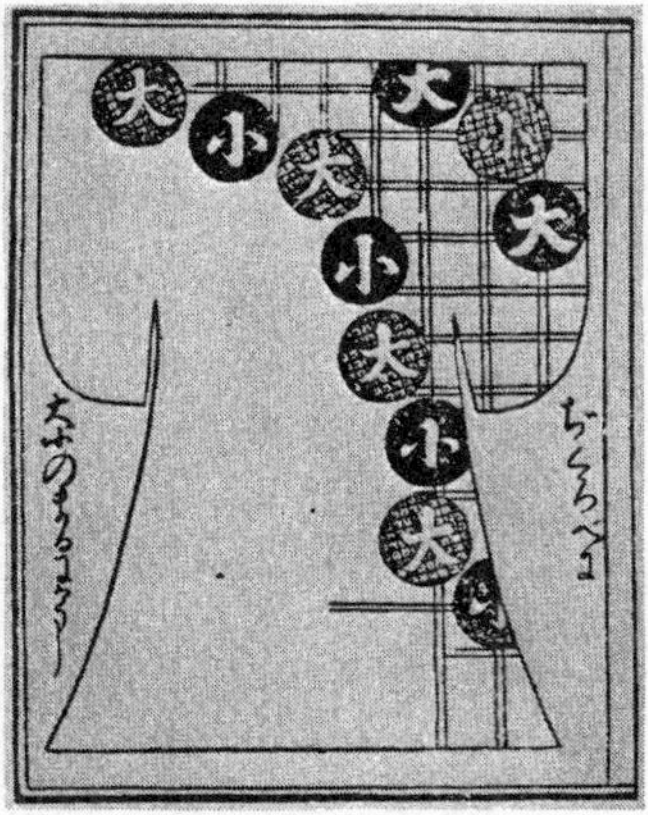

『骨董集』の大小暦

このうち、右列から

「大小大大小大小大小大小」

と十一文字を書いたものは、最初に小を補ってみると、万治二年（一六五九）の大小となり、『新撰雛形』刊行の七年前となって、丸尽し文様流行の年代とも合致する。
後に『柳亭記』の中で柳亭種彦《りゅうていたねひこ》は「その年の大小を染て一年ぎりの小袖なる事を知らするにて、花の雨にぬれながらかへる意に似たり」と評しているが、豪華な小袖をわざわざ雨に濡《ぬ》らして帰る贅沢《ぜいたく》、伊達《だて》と同じく、一年ぎりの小袖を作ったのだという。

　このことは、大小暦のなかには初期から後期まで着物の柄に大小を入れたものが比較的多いことを理解するのに役立つのである。着物の柄に大小を書き込みするのは絵師の苦肉の策であるばかりでなく、古くその実例があったわけであり、あるいは後々までも多少はその趣好が残っていたのかも知れない。

元禄《げんろく》五年（一六九二）に鹿野武左衛門《しかのぶざえもん》の著した『鹿の巻筆』に表具屋の掛物に「吉弓」と二字を書いたものがあって、それを侍、医者、百姓と亭主の表具師がそれぞれ判じて見ることになり、最後に侍がこれを大小と判じた。その理由は大の字は先ず横に一を引き、小の字は縦に引くから、横線は大、縦線は小と考え、さらに今年は閏があるから画数が十三であると答えたが、これはその年貞享《じょうきょう》三年（一六八六）の大小にぴったり合った、というものである。

　貞享三年の大小の配列は、

一 二 三 閏三 四 五 六 七 八 九 十 十一 十二
大小大小大小大大小大小大小

であるから、吉弓の筆順と一致している。この話によっても、この頃から大小を文字で表

価する。

大小暦は実用から発生したことは事実であり、ある意味ではその性格は最後まで失われることはない。というよりも、大小暦には実にさまざまの様式のものがあるので、そのなかには実用性を具備したものが最初から最後までどの時期にも作られたという方が正確な表現であろう。それとともに、大小暦には遊びの性格が必ず伴っている点が特徴である。もし遊びの要素がないものであれば、それは単なる略暦にすぎない。「吉弓」のような文字の判じ物や「かくし絵」、文字絵、あるいは絵と和歌、俳句、漢詩などを添えたものなど、実に種々雑多な様式の大小暦があるが、いずれも遊びの要素が伴っている。

これは江戸時代の文化が遊びを主流としたと解釈できるとするならば、大小暦もその文化の所産ということで理解できるかと思われる。遊びという言葉がまずければ「ゆとり」といっても差し支えない。時間と日程にがんじがらめにされている現代人には、暦を遊びの道具としてしまうような贅沢な生活はなかなか望めない。

江戸時代の社会生活においても暦は繁雑で窮屈なものであったことは変らない。しかしそれを遊びの道具にするだけの心の「ゆとり」が存在していたのだろうか。とにかく大小暦が略暦と相違する最大のものはこの遊び性である。

大小暦に遊びの要素が含まれていたおかげで、それは江戸町民文化の最大の所産である浮世絵版画と結び付くことができたし、さまざまな軟文学とも関係を持つことになった。そしてまた、それらの文化の結束点というか綜合としての歌舞伎や遊廓・遊女が大小暦のテーマの一つとして登場することになる。このように大小暦は江戸時代の文化を理解する上に重要な資料ということがいえよう。

大小暦はもともと個人から知人への贈呈用として作られたものである。前にも述べたように江戸時代には暦師以外の者が暦を売買することが厳禁されており、その旨の触れ書きがしばしば出されている。しかし、大小暦——ことに略暦的性格の濃いものは市販されることもあったようで、禁令がしばしば出されていることがこれを裏付けている。

李下《りか》に冠《かんむり》のたとえで、大小暦の中には贈呈用であることを明記したり、絵師が「応需」とことわり書きを入れているのは、このような事情からであろう。それはともかく、大小暦の大半は初春に贈呈されるものである。贈り主は、自己の機智を誇り、名高い絵師に描かせた絵柄の出来を自慢するために前年に苦心するわけである。

今日残っている大小暦の多くは摺物であるが、手描きのものもある。これは財政的な問題からか贈呈部数が僅少《きんしょう》なためか、そのような理由によるものであろう。本来もっと数多くあってよいはずだが、収集の対象として重視されなかったこともあり、作者が著名人である割合が少なかったことなどが原因となって今日まで残らなかったものであろう。

大小暦のなかには富裕な武士や町人が、絵は名の通った絵師に依頼し、文は著名な戯作《げさく》者《しゃ》に委せて作らせたものが少なくない。勿論《もちろん》専門の摺師《すりし》に摺らせているから立派な印刷物であり、立派な浮世絵版画である。このようなものが大名や金持の収集家によって集められ、大きなコレクションとして今日に伝えられている。

遊びの所産である大小暦をながめて遊ぶことは楽しいことであるし、難解な判じ物を解いた時の喜びはひとしおのものがある。

大小暦の主流が版画であるからには、その変遷《へんせん》は版画の変遷と密接な関係がある。個々の部数は数十から二、三百部位だろうが、全体としては莫大《ばくだい》な数にのぼったはずであり、版画技術の向上のために大きな貢献をはたしたものと考えられる。特にオーダーメイドで技術者側の採算の足伽《あしかせ》が少ないだけに、その時期の最高の技術を駆使することが可能であったし、中には金に糸目をつけぬ依頼主もあったであろうから、通常の注文の場合とは違って可能なかぎりの贅沢品の制作や、新技術の導入ができたわけである。

このような傾向は絵師の作風にも影響を与えるわけで、後述するようにやがて錦絵《にしきえ》の発生をうながすことになる。

大小暦の変遷

享保《きょうほう》・延享《えんきょう》（十八世紀前半）頃の大小暦は比較的大版のものが多い。鳥居《とりい》清信《きよのぶ》や清倍《きよます》の名を記したものがあり、肉太の墨絵もしくは一、二色彩色した程度の素朴な絵柄である。

という特色がある。大版であるために壁に貼《は》っておけば実用にもなる

享保頃のものには版元の名が入っており、これらが絵草紙屋で売品として作られたことが明らかである。後のように大小暦の売買が禁止されることがなかったのであろう。

大小暦にかぎらず浮世絵版画全般についていえることだが、明和《めいわ》二年（一七六五）を界《さか》いとして大きく変化する。それは鈴木春信《すずきはるのぶ》によって錦絵が創始されたことによる多色化であり華麗さへの変身である。

この年、大小暦が大流行した。当時十八、九歳の大田南畝《おおたなんぽ》（蜀山人）は『金曾木』の一節に「明和の初め旗下の士大久保氏飯田町の薬屋小右衛門等と大小のすり物をなし大小の会をなせしより其の事盛になり明和二年より鈴木春信吾妻錦絵をえがきはじめて紅絵の風一変す」と記している。

この大小の会については、幕臣諏訪《すわ》七左衛門《しちざえもん》が文政四年に著した『仮寝の夢』の内にも「錦画之事」として次のように述べている。

「今の錦画は明和の初大小の摺物殊外流行、次第に板行、種々色をまじへ、大惣になり牛込御旗本大久保甚四郎俳名巨川、牛込揚場阿部八之進莎鶏、此両人専ら頭取に而、組合を分け、大小取替会所々に有之、後に湯島茶屋などをかり、大会有之候。一両年に而相止。右之板行を書林共求め、夫より錦絵を摺大廻に相成候事」

巨川大久保甚四郎《おおくぼじんしろう》は諱《いみな》は忠舒といい千六百石の旗本、薬屋小右衛門《こえもん》は元飯田町の薬屋小松三右衛門《まつさんえもん》のことで、俳号は百亀、西川祐信《にしかわすけのぶ》に学び春画の作者として知られている。これらの富裕の武士や町人によって大小暦の交換会が開催されたのである。また今日残っている明和の大小暦のなかには、春信の絵に巨川工と署名のあるものがあり、巨川の考案によるものであることを示している。つまり巨川が大小暦を考案し春信に描かせたものである。

大小暦の流行が春信を檜舞台《ひのきぶたい》に登場させ、錦絵を出現させたことになる。それまでの浮世絵版画は色数も少なく、したがって単価も安いものであった。版元の資本も微弱なものであり、とうてい錦絵の製作に手を付けられなかったと思われる。絵師への画料も高くついたであろうし、高度の技術を持った彫師と摺師への手当が嵩《かさ》むから、当然一枚の売価はそれまでの摺物の数倍乃至十数倍になるはずである。第一そのような高価な浮世絵版画を購入する者の数は限られたものになる。これまで版元が錦絵の製造に手を付けなかったのは、このような経済上の問題があったからである。

しかしながら、金に糸目を付けないオーダーメイドの場合はこれらのリスクがない。巨川らは大小暦のコンクールで江戸中の好事家《こうずか》達をアッといわせるために、これまで実現しなかった錦絵版画を作らせたのである。そしてその作者として春信が選ばれたのは正に適役であったといえよう。春信の王朝風の雅《みや》びを町人社会の中に再現させたような画風は、明和時代の江戸文化人の嗜好にぴったり合ったからである。

春信は数多くの大小暦を描いたが、その大小暦としての趣向はあまり面白いものではなかった。たとえば雨傘の縁に大小や年号を入れたものとか、土橋に大小を小さく書き込んだものとか、女性の着物の柄に大小を散らしたものといった具合である。つまり春信にとっては浮世絵そのものに制作意欲が向けられていて、大小はその添え物にすぎない。おそらく巨川もまたそのことをよいとして春信の画風を尊重して、作品を壊すような細工を加えなかったのであろう。

『仮寝の夢』にあるように「右之板行を書林共求め云々」ということは事実あったことと思われる。春信の大小暦は大小の文字を抜くだけで立派な錦絵として通用したからである。事実大小の一部を抜き忘れた作品も残っているほどである。

明和の大流行を物語る大小暦が長谷部《はせべ》言人《ことんど》氏のコレクションに数多く残されている。これは山中笑氏の旧蔵品であったらしい。その多くは小型のもので、二、三色程度のものが多い。しかし、動物、植物、小道具、人物等々あらゆる分野から画題を求め、なかなか機智に富んだ作品が多い。大小暦としては春信のものより数段面白い。これらのもののなかには、いかにも素人《しろうと》くさい彫りや摺具合のものがあり、大小暦考案者自身の作と思われる（詳しくは拙著『江戸の絵暦』〈大修館書店〉をご覧いただきたい）。

大流行、そして消滅

明和から幕末まで時によって多少の消長はあったであろうが大小暦贈答の習慣は次第に広まった。江戸のごく一部の好事家達から始まってより多くの江戸人が毎年大小暦を作るようになり、京坂地方はもとより地方都市の武士や商人達の間に普及して行った。ちょうど経済的にも文化的にも江戸が上方に追い付き、追い越して行く時期に当っており、町人文化の発展期にさしかかっていたから、大小暦は江戸の町人文化を代表するものの一つとなった。江戸町人文化の一特色である好色性もまた大小暦に反映している。いわゆる枕絵《まくらえ》の大小暦も散見する。上品なお色けのものもある。たとえば十数年前に新発見された北斎《ほくさい》の大小暦などがそうである。だが一方公表できないような強烈なものもある。

大小暦は初春の贈答品であるから、正月にふさわしい画題のものが少なくないし、俳句にしても和歌にしても新春を寿ぐものが多いのは当然である。年の十二支《えと》を使ったものは非常に多い。これは現代の年賀状と同じ傾向である。年賀状といえば大きさといい、性格といい、大小暦とまったくよく似ている。ある意味では太陽暦になって意義のなくなった大小暦に替って誕生したのが今日の年賀状といえなくもない。ただし年賀状には大小暦にあった判じ物の性格が無くなって、もっと堅苦しい感じのものになっている点が大きな違いである。

大小暦の大半が時代による変化のとぼしいものだが、中にはその時の流行歌をもじったものとか、当り狂言を採《と》り入れたものがあるし、幕末には黒船とか異人さんとかをテーマにしたものがある。この他、伊勢詣《いせもうで》とか地震鯰《じしんなまず》とか時勢を示す大小暦を見ることができる。

とにかく毎年暮近くになると、文人墨客、好事数奇と呼ばれるような趣味のプロから、大店の主人、お長屋の武士に至るまで、いわゆる中流以上の意識を持っていた人々の多くが、来春の大小暦はいかにせんと楽しみながら悩んだわけである。

大小暦とはまことに不思議な文化的所産である。暦を趣味化するという世界に例のない文化である。大小暦は江戸趣味の生み出した暦であって暦でないシロモノなのである。大小暦の判じ物にはかなり難しいものがある。しかし贈る側にも受け取る側にもこれが今年の大小を示すものだという理解がある。相手が知っていることをいかに上手に隠してあるかという点に作者の機知を覗《うかが》い知るのである。正解はお互に知っているのである。正解は必ずその大小暦の中に示されている。それを探すのが大小暦を解く楽しみである。つまり本来ナアナアなのである。そこがいかにも日本人的であると思われる点である。

大小暦は明治維新とともに急激に下火になり、明治六年からの太陽暦実施によって追い打ちをかけられた形で消滅してしまった。維新によって大小暦を育てて来た人々の間に変動があったからであり、特に江戸は官軍に占領されとうてい大小暦をもてあそぶ気持にはなれなかったのである。そして旧幕時代のものはすべて時代遅れであり旧弊であるという開化思想が、浮世絵などとともに大小暦を追放してしまった。さらに太陽暦の採用は大小暦の存在意義をゼロにしてしまったといってよい。

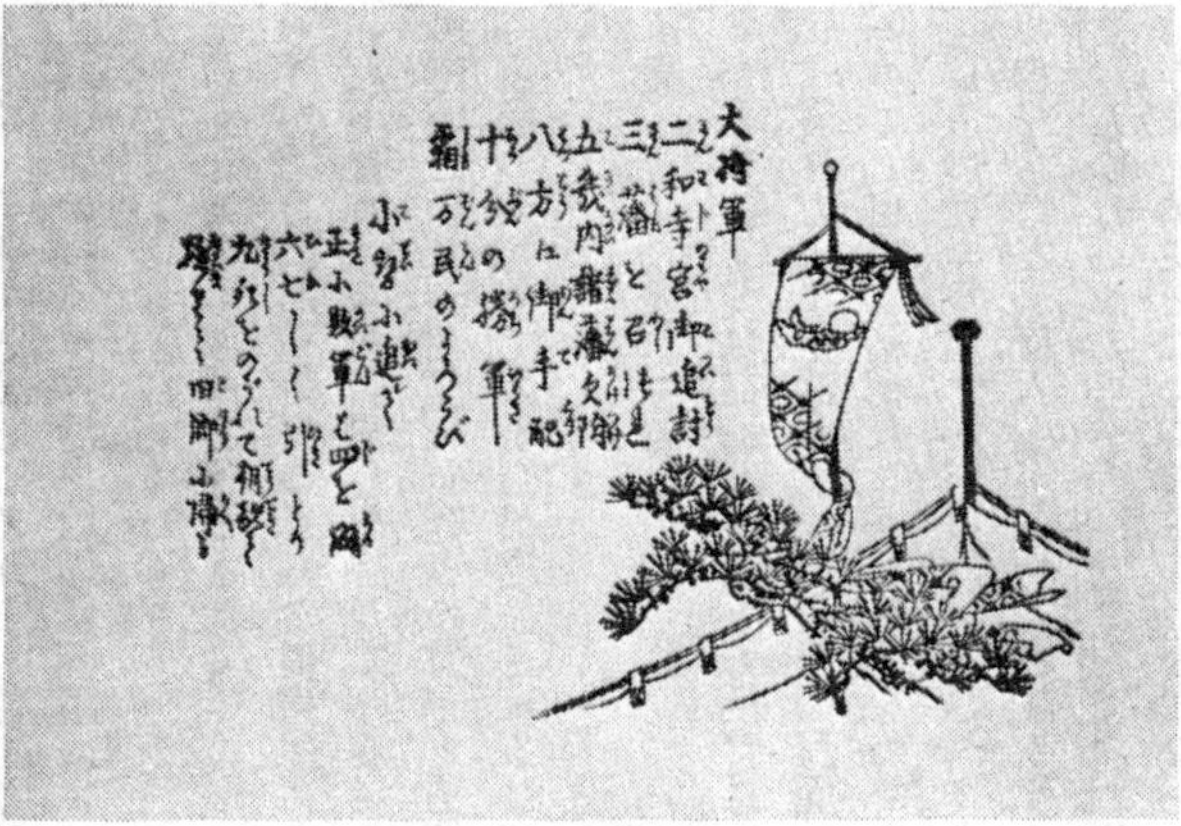

慶応４年　戊辰戦争の大小暦

もっとも、大小暦は私的なものだし禁令が出されたわけではないから、依然として大小暦を作った人もいた。幕末に大小暦の傑作を遺し、明治二十二年に歿した河鍋暁斎《かわなべきょうさい》は、かなり晩年になるまで年末に大小暦の執筆を依頼されている。もっともこの頃には大小暦といっても次第に略暦と性格が似てきており、いずれとも区別のつきかねるものが多くなっている。

ところで春信や重政、湖竜斎、清長、栄之、江漢、北斎など非常に多くの画家が大小暦を手がけている。浮世絵師にとって大小暦は年末に恰好のボーナス源になったものと思われる。人気作家ならおそらく幾人かのお得意さんから依頼があったであろう。ところで普通ならなかなか手の届かない有名絵師の作品が大小暦の場合は比較的手頃《てごろ》な価格で入手できるところから、浮世絵の愛好者に大小暦が狙《ねら》われるようになった。

大小暦は古くから浮世絵の研究者によって紹介され収集されていたのだから、右のような言いまわしは当を得ないのかも知れないが、収集家が増加し浮世絵版画が品薄になったため、それまでさほど評価されていなかった大小暦にも脚光が向けられたというべきであろうか、とにかく筆者のような貧書生には大小暦は縁の遠い存在になってしまった。

大小暦の暦の面に関心を持っている者と大小暦の美術性に高い価値を与える者との見方の違いというか、歴史研究者の財布と美術収集家の財布の重さの相違といおうか、とにかく古書の入札市で大小暦が出品されるたびに一抹の悲哀を感じさせられるのが常である。

盲暦

ひと昔前までは口にすることも活字にすることも憚《はばか》られた卑猥《ひわい》な言葉が堂々市民権を持つようになって氾濫《はんらん》している。その反面「差別的」用語は公共の場から締め出されてきた。そのこと自体は結構なことだが角をためて牛を殺すような傾向も無きにしもあらずである。というのは「盲暦《めくらごよみ》」がいけないとされてきたからである。

盲を全盲とか盲人とかモウと音読みすることは差し支えないらしい。だがこれをメクラと読むのはいかんという。「盲千人目明き千人」とか、「盲蛇におじず」「盲滅法」などという喩《たと》えが使えなくてもさほど困らないが、盲縞《めくらじま》も盲暦も差別用語だから使ってはならないというのにはいささか驚かされる。筆者の体験では盲暦にこだわりだしたのはまずNHKで、そのうち民間放送や出版社までなるべく絵暦といってほしいと要望するようになった。これは歴史用語だからと説明しても無駄であった。とうとう盲暦のことをまとめた単行本の題名まで『南部絵暦』にさせられてしまった。「もし盲人が盲暦という本の表題を見たら不愉快であろう」という思いやりからのことである。

ところで、盛岡《もりおか》市にある岩手県立博物館には盲暦のコーナーがあって、そこでは堂々と盲暦という用語を使用している。盲暦は永い間土地で使われてきた名称であり、これまでも何ら問題がなかったかららしい。

もともと盲暦の盲は明盲《あきめくら》つまり文盲を指しており、盲暦は一丁文字の無い文盲者のための暦という意味である。文字の読めない人達にも暦の恩恵を分ち与えようということから盲暦が発生したのである。たしかに南部藩領とか津軽藩領のように辺鄙《へんぴ》な地域には文盲が沢山いたであろう。気候の厳しい東北地方では暦の持つ意義は大きいものがあったから盲暦は彼らのために用意されたのである。

だが南部以外の地域にも文盲は数多くいたはずである。しかしその人達のための絵暦が作られたのは南部だけであった。盲暦は本来文字も読めない素朴な農民達への暖い想いやりから作られたものである。そしてそれは他の地域に例を見ないものであり、南部の誇る先人の遺産であるというのが地元の考え方のようである。

盲暦を差別用語だというのは事情を知らない一知半解、いや無知無理解の人だといえよう。

ところで南部の盲暦といっても田山暦と盛岡暦とのまったく形の違う二系統があるのだが、まず歴史の古い田山暦から紹介したいと思う。

田山暦

田山暦を始めて世に弘めたのは橘南谿《たちばななんけい》である。南谿は天明《てんめい》五年から、六年(一七八五―八六)にかけて旅した東北北陸地方の見聞をまとめた『東遊記　後編』巻之一「蛮語」のうちで、

「南部の辺鄙には、いろはをだにしらずして、盲暦といふものありとぞ。余が通行せし街道にはあらねども聞しままをしるす。又、般若心経などをも、めくら暦の法にて誦すると云。其図左のごとし」

と前置きして盲暦と盲心経の図を掲げて解説を加えている。そして最後に次のように記している。

「右、心経の本文也。引合せて読むべし。是等の事を用ひて、仮名文字もいまだしらざる所は、南部、盛岡の城下より七八十里も北西にあたりたる田山村抔いへる極山中の辺鄙なり。誠に古の結縄の約ともいふべし。蝦夷地も只今に文字無く、木に刻を付

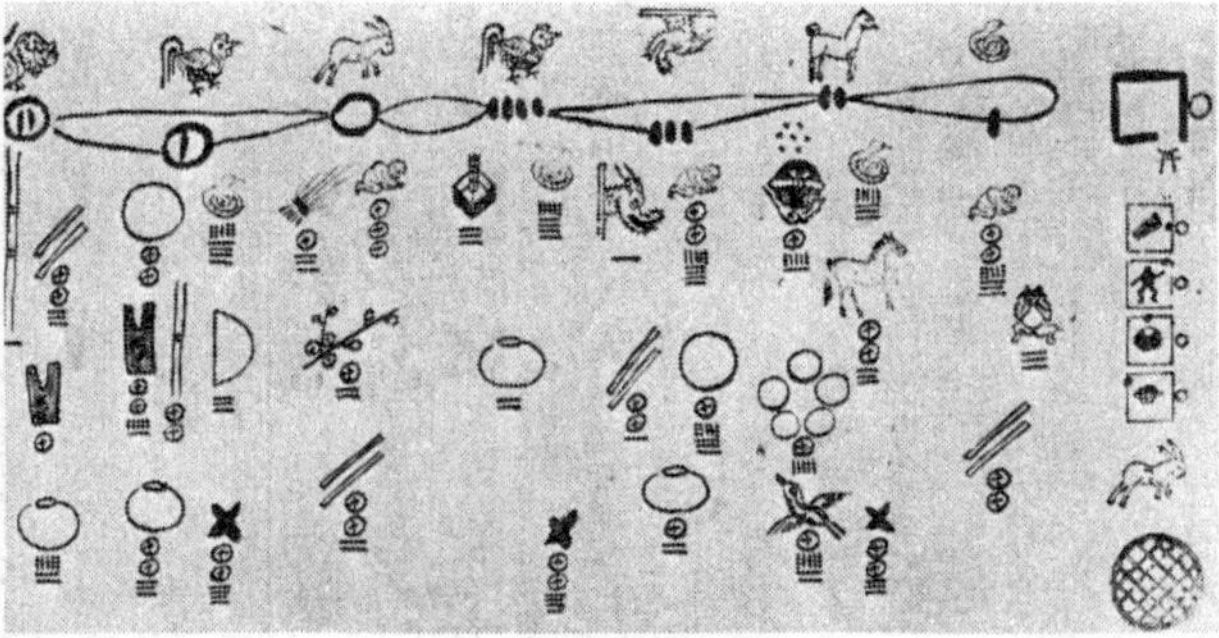

天明３年　田山暦

けて覚印とするとか也。是等の事にて思へば、西国と東国の文華の格別たる事甚し。云々」

南谿は京都の医師であったから東国や東北に対して多少の偏見を持っていてもしかたがないが、これはいささか度がすぎるといえよう。しかし、これがこの頃の都市の文化人の平均値であったかも知れぬ。

ともかく南谿の偏見を伴う好奇心によって田山暦が世人に知られるようになったわけである。南谿の紹介したものは天明三年（一七八三）のものであるが、『東遊記　後編』に掲載された図版はかなり誤脱がある。そのうえ後年のものに比して個々の暦註の図柄に相違しているものが少なからず存在していることから、この田山暦を疑問視するむきもあったが、その後同年の田山暦の実物が発見され、両者を照合することによって、南谿のそれは実物から転写されたものではあるが、その際幾多の誤写が行われたことが判明した。

この田山暦は南部領鹿角郡田山村（現在岩手県八幡平市）で作られたもので、版元はこの地方を霞《かすみ》場とする修験《しゅげん》者八幡家であった。田山暦を作った初代は善八といい元禄《げんろく》頃に平泉《ひらいずみ》中尊寺から当地に移って来た人物と伝えられ、八幡家では当主が代々善八を名乗ったところから田山暦の別称を善八暦という。

田山暦は八幡家から檀家に配った一種の賦暦《くばりごよみ》であったが後には上福岡方面に売り弘めたともいわれる。八幡家の伝えでは毎年伊勢暦を入手してその中から山村の生活に必要な部分をピックアップして、それを絵暦に仕立てた。田山暦の古いものは大部分が手描きで、木判（スタンプ）の部分は少ないが、時代が降るにしたがって木判の部分が増加して手描きが減少し、天保《てんぽう》以後にはほとんどすべてを木判にしている。八幡家には県の文化財に指定された多数の木判が保存されているが、最後まで版木にしないで一つずつ木判を捺した点が特色である。これは山村のこととて毎年大型の版木を彫ることが不可能であったためと考えられる。木判は手間がかかるし誤脱の危険性も大きいが、木判を一揃え作っておけば永年の使用が可能である。

田山暦は伊勢暦を手本としたところから、その体裁も同様に折暦であった。半紙を二、三枚継ぎたして、それを十三折（閏年には十四折）に折って、一折を一か月に当てて主要な暦註を入れるのである。

初期のものは比較的暦註が少なく、平均四―五、多い月でも七―八に止めている。天保以後は暦註が増加するが、それは種まき、収穫吉と天火と地火の記載が増えたためである。また木判の絵柄が初期のものと後期のものとでは相違している。これは初期のものが永年の使用で磨耗したために作りなおしたことによると思われるが、初期の木判は手描き時代の絵柄をそのまま彫ったもののようで、素朴のなかに芸術的な香りのあるものである。これに反し後期のものは絵柄があまり良くないうえ、判刻の技術も劣っているようである。

現存する木判を見ると一箇の木判の天地両面に絵柄が彫ってある。判の両面に絵柄があると捺印にあたって不便であるはずだが、暦註の種類が多くしたがって木判の数が多くなるので保管に便利なように木判数を半減したものと考えられる。

田山暦の読み方

第一折は上から歳徳神以下太歳神、大陰神、歳刑神、歳殺神の順で、諸神の方位と年の十二支を記載している。歳徳神は恵方・明の方で四角の一か所を空けて鳥居を描く。五神共に外側に小円を打って東を示す。小円が右にあれば上が北、左にあれば上が南になる。初期のものは上が北、後期のものはそれが南となり、江戸時代の地図と共通していて面白い。

太歳神は木星を神格化したもので「この方に向いて竹木を伐らず」とされるところから斧《おの》をもって示し、大陰神は土星の神格化で「この方に向いて産をせず」という意味で嬰子《みどりご》を描く、歳刑神は水星の精で一年中の刑殺を司《つかさど》り、特に種蒔《たねまき》と土を動かすことを忌むところから種壺を図示し、歳殺神は金星の精で殺気を司る恐ろしい神で万事を損滅するが、特に婚姻・出産を忌むところから婚礼に用いられる市女笠《いちめがさ》を描いている。これらの諸神は四角の外縁上に黒点を打ってその年の方位を示している。

諸神の下は動物をもって当年の十二支を示し、円形に網目のついた餅網《もちあみ》のような図は農具のとおし（簁）で年を表す。

十二か月を通して最上段に〆縄《しめなわ》が描かれており、その下線の中間もしくは結び目に月数が入っている。中間のものは小の月、結び目のものは大の月を示す。正月から四月までは縦線の数、五月は丸、六、七月は縦線を加え、八月は縦二本に横線一本を加え、九月は横線二本、十月は丸に十、十一月はその下に一を加え、十二月は丸の両脇に一本ずつ線を加える。なお閏月は丸を加えたようで、五月以後のときは二重丸となる。

この数字の表現には独特のものがあり、あるいは農民が日常使用していたものを転用したのかも知れない。また〆縄については南谿が古《いにしえ》の結縄の法のなごりかと述べているように、このような縄によって月の大小を知らせた風習が広く行われた可能性がある。縄の材料はどこででも簡単に入手でき、また誰にでも複製ができるから、紙に暦を書く以前から存在したと考えることができるし、紙の貴重な時代には紙の代用品ともなりうるし、文字の読めない人達には最も簡便な方法といえるだろう。

月の記号の上の動物は朔日の十二支である。正月の上に犬が描かれていれば正月朔日の十二支が戌《いぬ》、牛であれば丑《うし》ということになる。

十二支の動物のうち申は庚申《かのえさる》に、巳は己巳《つちのとみ》に転用される。また初期のものでは辰を初壬辰《みずのえたつ》（その年最初の壬辰の日、火伏せの行事がある）に午は初甲申《きのえさる》（その年最初の甲申の日。飼馬の安全を祈る）。後期には初午に用いている。

暦註の主なものを紹介しよう。

箸一ぜん	八専
×	十方暮
大円	土用
鍬	天火又は地火
小円五箇（ぼた餅）	彼岸入り
種壺	種蒔吉
苗束	田植吉
鎌	田刈吉
鬼	節分
鳥	社日
梅枝	入梅

重箱（鉢）に矢　　八十八夜
半円（半月）　　半夏生
竹の節《ふし》　　初伏・中伏・末伏
銭　　二百十日
豆腐に「ち」の字　　冬至
つらら　　寒の入り

この他、太陽または月が鉢巻を結んでいるのは日食・月食で、鉢巻は助六がしているように病気を表し、日月食は太陽や月の病であるという考えから出ている。

右のような記号を使って一年の主要な暦註を知らせているのだが、種蒔吉、田植吉あるいは田刈吉（稲刈とはかぎらない）などの記事は伊勢暦、つまり全国共通の暦註をそのまま転載したものであって、田山の現実を示すものではない。雪深い東北の山村である田山地方では暦註とは別の農業暦によって農作業を行っていたはずである。

本来田山地方の人々の求めに応じて製作されたはずの田山暦であり、そのために絵暦という体裁をとることになったわけだが、暦註そのものには地方の実情が反映していないわけである。そこには地方の人々の強い中央指向の傾向が反映されているともいえるし、田山暦の製作者に暦に対する充分な理解が欠けているために、新しい要素を加えることができなかったことも考え合わさせられる。

田山は花輪《はなわ》街道《かいどう》の宿駅であって、必ずしも文化果てる僻遠《へきえん》の地というわけではない。住民のすべてが文盲だったわけではなかったはずであるが、江戸や上方に比べれば文化水準は低かったであろうし、頒暦の供給も充分ではなかったと思われる。この地方では元禄・正徳頃には絵文字による般若心経《はんにゃしんぎょう》や陀羅尼《だらに》類が作られており、早くから絵文字による民衆の教化が進められていた。田山暦もそういった慣習を土台として発案されたものと考えられる。

盲（絵）心経類も善八の創案だと伝えられている。同じく善八の創案という田山暦は前述のように天明三年暦が現存最古であり、その創始が多少遡《さかのぼ》るとしても初代善八の年代と少々へだたりがあるので、暦の方は二代目の時代であったかも知れない。天明三年暦を見ると手描きの部分の絵柄はなかなか巧みなものがある。単純に素朴といえない洒脱《しゃだつ》な画趣がある。かなり絵心のある人物の手によるものと判断される。

田山暦の残存数はきわめて少ない。南谿に紹介されて以来江戸や上方の好事家の収集したものの一部が伝えられたが、その後火災や戦争によって大半が失われた結果であろう。

盛岡盲暦

一般に南部の盲暦というと盛岡で出版された一枚摺の略暦の方を指す。それは発行枚数が多かったことと、今日もなお継続して年々発行されていることによる。

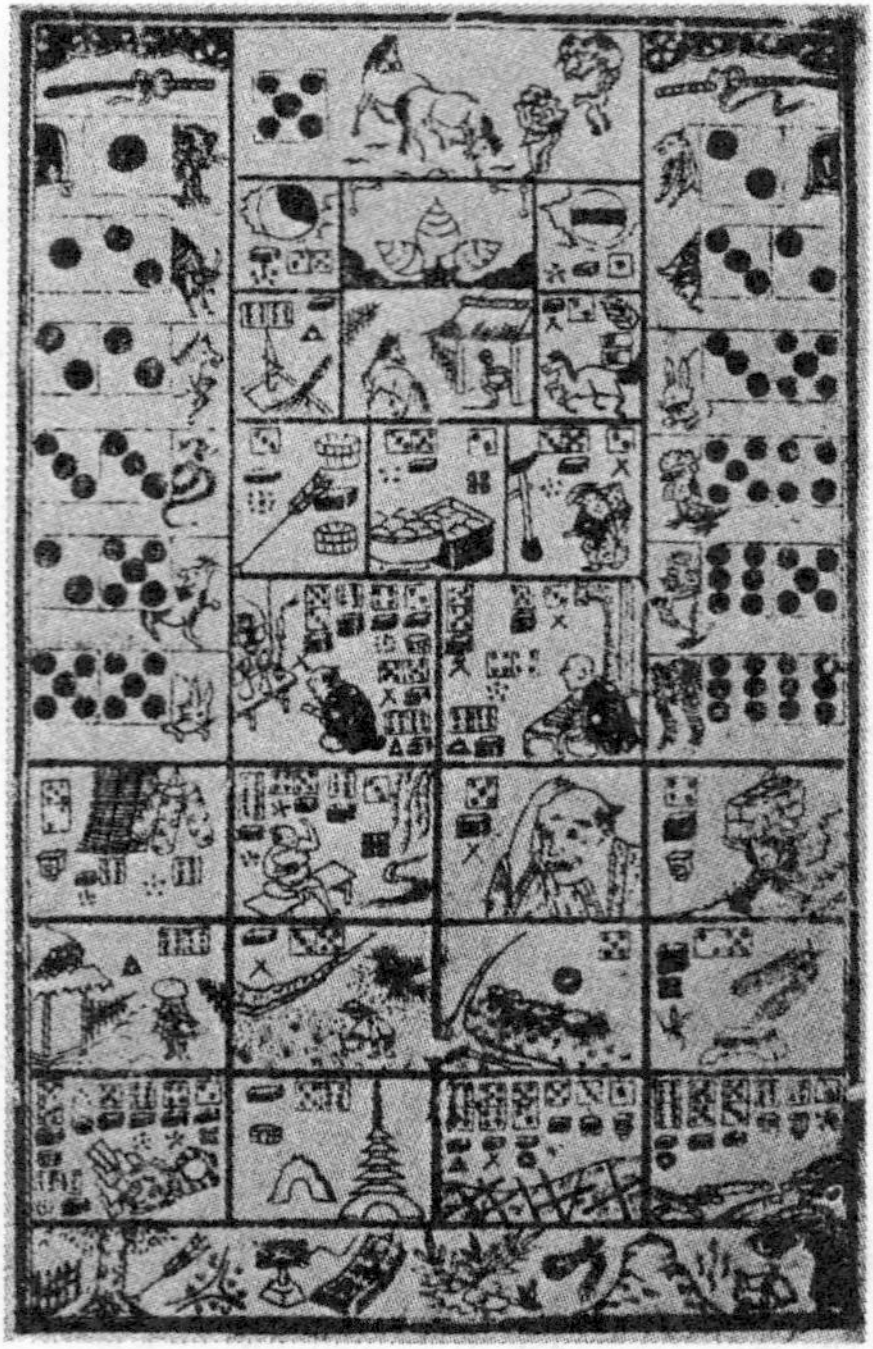

安政５年　盛岡盲暦

盛岡盲暦の創始は文化頃かと思われる。今日知られている最古のものは文化七年（一八一〇）のもので、これは『史料通信叢誌』に掲載されているが、現存しているか否か不明である。現存の確認できるものは二十年後の文政十三年（一八三〇）暦である。この二点は半紙縦判よりやや長めで、天保以降はほぼ半紙縦判になっている。

盛岡盲暦の版元は南部藩の御用印判師舞田屋である。（文政十三年暦は松田屋版）これは各地の暦師が発行していた一枚摺略暦を絵文字に翻案したものである。時代によって暦註に多少の出入があるが、体裁内容ともほぼ同一といってよい。

全体の構成はほぼ左の図のようである。

年号は動物の貂《てん》と稲穂で天保、按摩《あんま》と川の瀬で安政、一万両と縁側で万延といった具合

小刀　五　午　政　安　大刀

朔　一　寅　|　月食　三鏡宝珠　日食　|　朔　未　二

三　丑　|　すすはき　明の方　初午　|　亥　五

四　午　|　|　卯　八

六　巳　|　八十八夜　彼岸　社日　|　酉　九

七　戌　|　|　申　十一

十　卯　|　甲子　天赦日　|　寅　十二

三伏　土用　半夏生　入梅

寒の入り　稲刈吉　田植吉　二百十日

庚申　冬至　十方暮　八専

作喜　屋田舞　町姜生　岡盛　州奥

に絵文字で表現され、賽《さい》の目で年次、十二支の動物で年の十二支が示される。月の大小は大刀と小刀が用いられ、朔日の十二支が動物の絵で配される。画面の右が大の月、左が小の月でそれぞれ賽《さい》の目が使われる。閏月は「又の月」の意で人の股の絵が加えられる。田植吉、田刈吉、社日、甲子のように情景を絵で示したものもある一方、重箱（鉢）と矢で八十八夜、棒杭（ぼうくれ）十本で十方暮《じっぽうぐれ》、鐵《せん》八つで八専のように他の物品の音を仮りたものもある。

盗人の絵で「荷奪《にうば》い」つまり入梅、老人に禿《はげ》が生じたという仕種《しぐさ》をさせて半夏生などはかなり苦しいものである。

なお、天赦・甲子・庚申・十方暮・八専など年間に何回も廻ってくるものについては、同一画面に複数の日付が記入されている。これらは六十干支によっているので通常年間に六回廻ってくる。また彼岸や社日は春秋二回、土用（の入り）は四回あるのでその日付が入る。土用は夏の土用が最も印象的であるところから縁台で夕涼みをしている人物の絵が用いられている。

盛岡盲暦は毎年版木に彫り起し当年限りに使われるものである。各暦記事の絵柄は毎年大同小異であるが、小異の変遷をたどってみると面白い。なかでも、田植吉、田刈吉は農民の集団労働の光景を描いているので、数少ない東北の勤労風俗画として興味をそそるものがある。

南部領には伊勢暦の他に会津暦が入っていたし、舞田屋では通常の略暦も出していた。識字層にはこれらの頒暦でよかったわけであるが、文字を解さない人達のために盲暦が作られたわけである。しかし盛岡盲暦は字の読めない人にだけ使用されたわけではなさそうである。

絵や記号による略暦は識字層にとっても使用に重宝な存在である。現代でも交通標識その他のシンボルマークは事物を端的に表現するところからますます広く用いられる傾向にある。この特性は明治以後教育が普及した後にもなお盲暦が愛用されていることからも頷《うなず》けるものがある。

ところで明治六年には太陽暦の盲暦が発売されている。しかも横版である。太陽暦採用にあやかって、文明開化の香りのする盲暦である。しかし、これはあまり評判が良くなかったのか、六年暦しか残っていない。多分これ一年だけしか出版しなかったのであろう。後年復活した盛岡盲暦がずっと旧暦で通しているところからみても、南部の風土には太陽暦はなかなかなじめなかった。根強い暦の上の保守性が南部の特色なのである。

新奇な明治六年暦の後、しばらく盲暦の刊行が絶えていた。このような印刷物は旧弊であり人智の開達に妨げであるという文明開化の地方官の圧迫のせいか、戊辰《ぼしん》戦争の敗戦後の沈滞によるものかその理由は分らないが、とにかく盛岡盲暦が復活したのは明治十八年のことである。明治十六年暦から一枚刷りの略暦は出版条令に準じて何人にも出版が許可されることになって、各地で美麗な略暦が出版されるようになった。盛岡盲暦の復活はそういう時流に影響されたものであろうか。

復活当初は複数の版元が競合したり中断したりしたが、結局阿部秀直氏のもとに統一され、阿部氏の死後は志保未亡人の手によって毎年の刊行が続行された。明治・大正・昭和にかけて阿部版盲暦はこれまでの伝統を守って毎年発行し、その部数も二万部位にのぼったといわれる。しかし、昭和十八年に志保女史の死去によって廃絶の危機に直面した。

太平洋戦争戦時下の出版統制と用紙事情の悪化の問題がこれに重なったわけである。盲暦が旧暦を使用していることは当局の目から好ましからぬものであり、絵文字の印刷は戦意高揚に役立つものとは考えられなかったから、当然印刷用紙の割当から外された。しかしながら、地元の盲暦研究家達は郷土文化の誇りある伝統を何とか保存したいという熱意によって、この難局を切り抜けた。戦中戦後の数年間の盲暦は統制外の劣悪な用紙を使用して印刷されているが、これを見ると当時関係者が盛岡盲暦の保存にいかに苦労したかをしのぶことができる。とにかく中断することなく今日に至っている。

十章　六曜の履歴

六曜の起源

今日では婚礼・新築・開店その他慶事に大安の日を選ぶことが多い。街頭や乗物の中で礼服を着て引出物の包みを持った婚礼帰りの人を見かけるのはほとんど大安の日である。市販あるいは企業で作るカレンダーも、多くは大安や仏滅など六曜（六輝）を記している。現在は六曜が暦註のなかでは最も広く用いられているといえよう。この六曜は六輝とか六曜星とも呼ばれているが、六曜の方が六輝よりは古い名称である。

現在比較的広く用いられる選日法としては六曜と九星《きゅうせい》と三隣亡《さんりんぼう》とがあるが、この三つはいずれも明治時代以後に流行し出したもので、江戸時代にはごくかぎられた範囲でしか使用されず、暦に記載されることもなかった。

すでに述べたように、太陰太陽暦（旧暦）時代の頒暦《はんれき》には数多くの暦註が記載されていた。そのなかには太陽の運行、つまり実際の季節を知らせるための二十四節気や七十二候、それには多少迷信的要素を含んでいるが、やはり季節の目安となった四季の土用《どよう》とか入梅《にゅうばい》

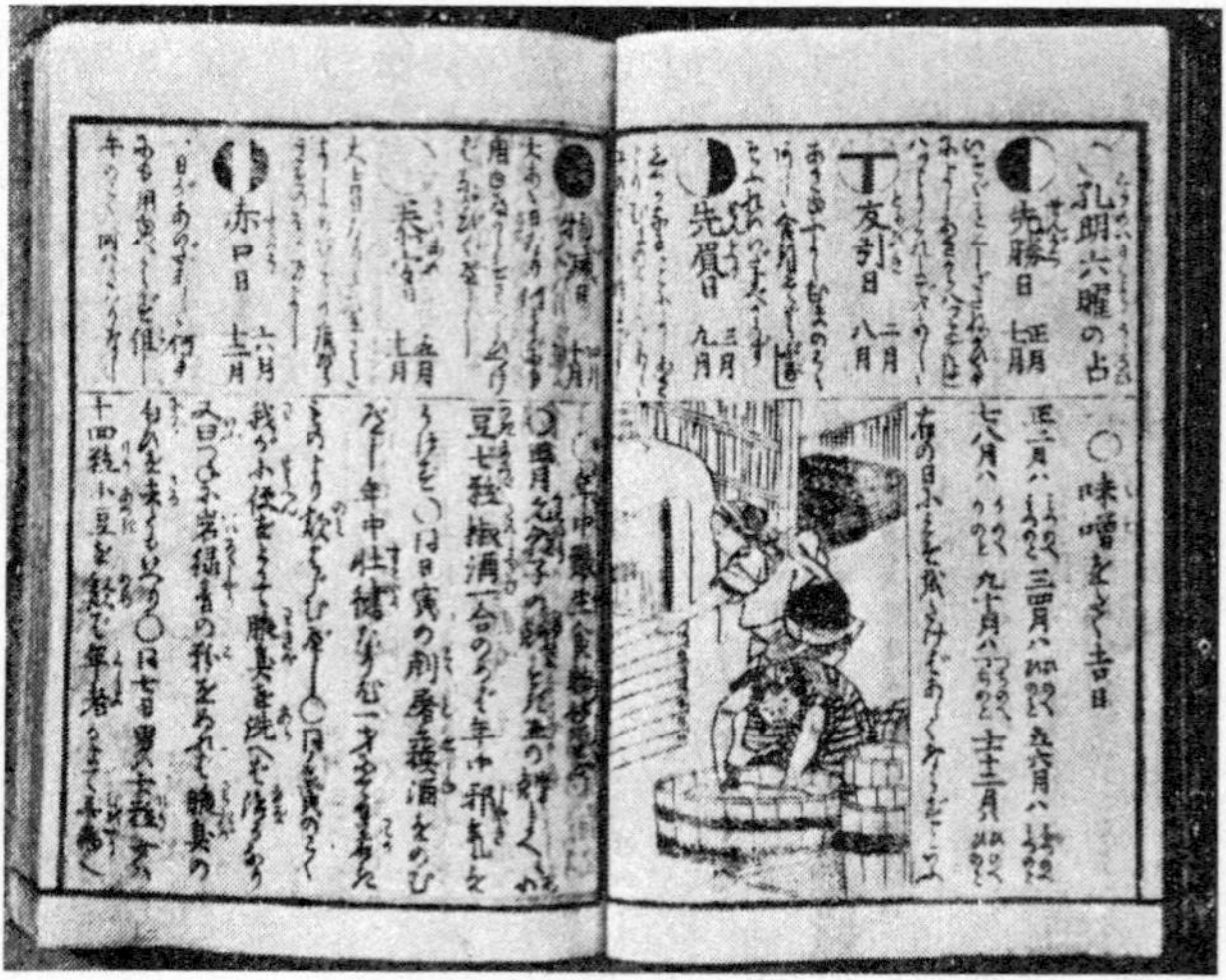

雑書の六曜の説明（上段）

などの雑節のように科学的基礎に立脚したものもあったが、大半は日の吉凶の判断に用いられる迷信的なものであった。

　そのような迷信的暦註のデパートのように沢山の暦註が記載されていたにもかかわらず、六曜・九星・三隣亡は掲載されていなかったのである。それは、これらは新しく登場したもので、さほど歴史の古くないこと、また権威ある陰《おん》陽道《ようどう》関係の図書に根拠をおいていなかったからで、そのためにその繰り方にも異説があり一定していなかったからである。

　この三種の暦註以外の他の迷信的暦註には科学的根拠があるとい

うわけではないが、古くからしかるべき陰陽道の書籍に記載され、陰陽家によって正統的であり由緒正しきものとされていたのである。といっても今日の眼から見れば、目くそ鼻くその類《たぐい》で非科学性という点からみれば五十歩百歩というか、まったく同じ穴のムジナなのである。

右のように非正統的な迷信なので、江戸時代に刊行された頒暦の解説書には紹介されることがなかったが、民間で行われていた雑多な占いや日常生活上の知識を含めた「雑書」とか「大雑書」とか呼ばれた書物のなかには登場してくる。

雑書・大雑書は当時の日用百科事典といってよく、その原形は明《みん》・清《しん》時代の中国の「通書」の類にあった。これから最初に紹介する六曜についても、その起源は中国の百科事典の記事に求めることができる。

六曜は古くは小六壬とか六壬時課と呼ばれ、中国では唐《とう》代の天文学者で「儀鳳暦《ぎほうれき》」の編者である李淳風の発案とされ、日本では三国時代蜀の名将であった諸葛孔明《しょかつこうめい》に仮託されて孔明六曜星とか六曜と呼ばれた。六輝とか六輝星という呼称はむしろ明治以後のもので、日月火水木金土という七曜が国民生活の中に普及しだしたことにより、それとの混同を避ける意味合で次第に用いられるようになったと思われる。現在でも両方が用いられるが、七曜との区別を明瞭にするためにあえて六輝の名称を使用する場合がある。

宋《そう》時代の書『事林広記』には実にさまざまな選日法や時刻の占いが紹介されているが、その一つに「六壬時課」がある。これは名称のように時刻の吉凶を占うもので、次の表によってまず日を定め、次に目的の時刻を求める。

大安　正月・七月　朔日
留連　二月・八月　〃
速喜　三月・九月　〃
赤口　四月・十月　〃
小吉　五月・十一月〃
空亡　六月・十二月〃

『事林広記』には三月五日辰刻《たつのこく》を例としてその繰り方を説明している。三月朔日《ついたち》は速喜であるから五日は大安となり、それをその日の子《ね》の刻として、丑《うし》、寅《とら》、卯《う》、辰《たつ》と進むと辰刻は小吉となる。

『事林広記』には各時の吉凶判断は次のように記されている。

大安は百事昌なり。財は坤方に在り。失物は去ること遠からず。宅舎は安康を保ち、行人は身未だ動かず、病鬼殃《わざわ》いを為さず、将軍は旧願に還り、子細為に推詳す。

留連は事成り難し。謀を求めて日未だ明かならず、官事只宜しく緩くすべし。去る者の未だ回程せず、失物は巽の上に覓む。急ぎ討方に心を称《かな》う、更にすべからく口舌

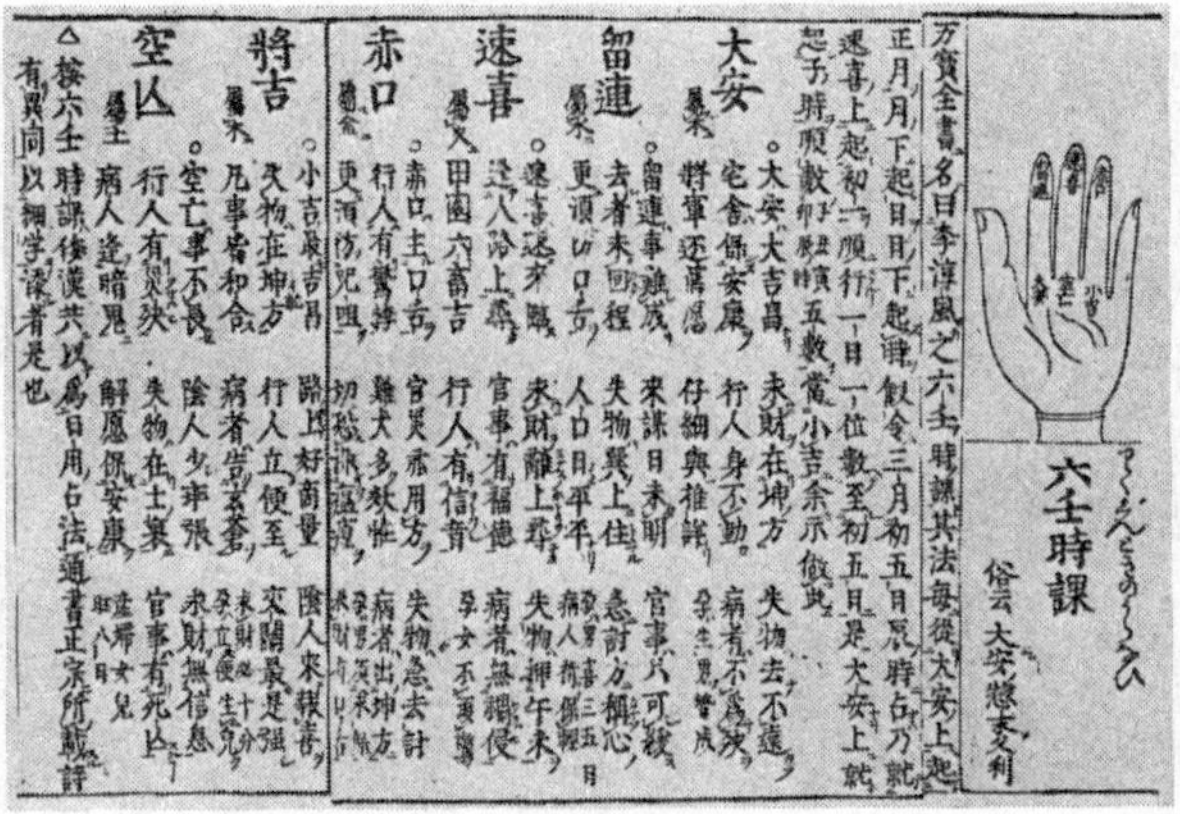

六壬時課 俗云大安

万寶全書名曰李淳風之六壬時課其法毎從大安上起正月月下起日日下起時假令三月初五日辰時占乃就速喜上起初一順行一日一位數至初五日是大安上就起子時順數五數當小吉余亦倣此

大安 ○大安大吉昌　求財在坤方　失物去不遠　宅舍保安康　行人身不動　病者不爲殃　將軍還境　仔細與推詳

留連 ○留連事難成　求謀日未明　官事只可緩　去者未回程　失物飛上住　急討方稱心　更須防口舌　人口且平平

速喜 ○速喜迷有喜　求財離上尋　失物坤午未　逢人路上尋　官事有福徳　病者無禍侵　田宅六畜吉　行人有信音

赤口 ○赤口主口舌　官災亦用防　失物急去討　行人有驚惶　雞犬多妖怪　病者出坤方　更須防呪咀　切恐染瘟黄

將吉 ○小吉最吉昌　路上好商量　陰人來報喜　失物在坤方　行人立便至　交關最是強　凡事皆和合　病者告上蒼

空亡 ○空亡事不長　陰人少乖張　求財無利息　行人有災殃　失物在土　官事有死亡　病人逢暗鬼　解厄保安康

△按六壬時課倭漢共以爲日用占法通書正宗所載詩有異同以細字記者是也

『和漢三才図会』

を防ぐべし。人口且つ平平。

速喜は喜び来臨す。財を求めて離の上に尋ぬ。失物は坤・午・未。人に逢は路上に尋ね、官事福徳有り、病者禍侵無し、田宅六畜吉、行人信音有り。

赤口は口舌を主どる。官災亦防を用ふ、失物急去討つ。行人驚惶有り、雞犬妖怪多し、病者坤方に出づ、更にすべからく呪咀を防ぐべし、切に瘟黄に染むを恐る。

小吉は最も吉昌。路上の商量好し、陰人相い報い来る、失物坤方に有り、行人立便ち至る。交関甚是れ強し。凡そ事皆和合す、病人上蒼を告ぐ。

空亡は事長ぜず。陰人乖張少し、財を求むるに利息無し。行人災殃有り、失物土裏蔵す、官事損傷有り、病人暗鬼に逢ふ。解願安康を保つ。

この吉凶判断は多少字句の相違する点が見られる程度で、中国・日本で継承された。

このように中国の六壬は時刻の吉凶を占うものであって、決して日を占うものではなかった。『事林広記』の「六壬時課」は、明《みん》時代の『万宝全書』に李淳風の「六壬掌訣」として継承され、今日なお香港《ホンコン》や台湾《たいわん》などで刊行される民間暦書に時刻の雑占の一つとして掲載されている。六壬は中国では根強く信奉されている時刻の占いのようで、掌訣の名が示すように、指を使って操るのがその特色のようである。

しかし、このような伝統的な時刻占いと違った六壬が清の乾隆三十六年（一七七一）に著された沈重華（亮功）の『通徳類情書』に小六壬として紹介されている。これはまず時刻占ではなく日の吉凶を占うものとされている点が他と異り、六壬の操り方も、陽年には小吉・空亡・大安・留連・速喜・赤口の順であり、陰年には留連・速喜・赤口・小吉・空亡・大安の順となる。六壬の順次は同じだがスタートが陽年は小吉から、陰年は留連からになるだけの違い方である。

このように中国でも六壬を日の吉凶に用いることがあったわけだが、あまり盛行しないままに消滅してしまったもののようで、上述のように六壬は今日でも時刻占として用いられているのである。

『事林広記』や『万宝全書』は室町時代から江戸時代初期にかけて我国に舶載され、百科事典として珍重されており、また前者は元禄《げんろく》に後者は正徳《しょうとく》に和刻出版されて広く用いられた。したがって、我国でも十六・七世紀頃から時刻占としての六壬が知られていたわけで、天保《てんぽう》年間刊行の『永暦雑書天文大成綱目』（天保六年）、『万代大雑書古今大成』、『永代大雑書万暦大成』（天保九年）などの雑書には「六壬《りくじん》時のうらなひ」としてこの様式のものが掲載されている。管見によれば時刻占としての六壬は大体この頃で終っているようである。

「日本式六曜」の成立

他方、六壬を日の吉凶に用いた古いものとしては貞享《じょうきょう》五年（一六八八）刊行の『頭書長暦』所収の記事が挙げられる。これは、大安・則吉・小吉・立連・赤口・虚妄の順で書かれているが、この順は吉凶の順位を示すもので、実際の繰り方は、大安・立連・則吉・赤口・小吉・虚妄となる。この順序は『事林広記』の順と同じで、ただ留連が立連、速喜が則吉、空亡が虚妄と変っているだけである。

『頭書長暦』には、

▲大安ト小吉日ハ出行出仕対面等ニ吉日ナリ

▲則吉善日ノ事当巻ニ於テ吉日ニ用ユトイヘトモ簠簋《ほき》ニハ赤舌日トテ凶日ニ取ル勿論暦ニモ正月三日ヲ最初トシテ赤《しやく》ト註シ出仕訴訟対面ニ嫌フ也所詮時宜ニ依テ無用ニ

叶フヘカラス
▲立連赤口虚妄ノ三箇日ハ尤モ悪日也倶シ当段ノ赤日悪日ト前後ニ出ル赤口日トハ同
名異法ナリト知ルベシ

と説明があって明白に日の吉凶に用いているし、吉凶判断にも独自のものが見えている。
このように、中国式の時刻占は天保年間まで引き継いで行われている一面、貞享頃から
まず日の占いに変り、解釈も日本独自のものが行われるようになり、元禄・正徳以後に今日のような順序に変化したものかと思われる。

しかし完全に現行のものと一致する形になったのは享和《きょうわ》から文化《ぶんか》頃ではないかと思われる。嘉永《かえい》頃までの雑書のなかには大安を泰安、仏滅を物滅としたものがあって日本化された頃のなごりをとどめている。表題の無いものもあるが、多くは「六曜」を用いており、「六ようくりよう」「孔明六曜の占」「六曜星日取之考」などと呼ばれており、時刻占の方の「六壬」「壬時」と区別して曜字を使うことによって日の占いであることを明らかにしている。

中国式六壬と日本式六曜を対比してみると次のようになる。

(1)大安――→(5)大安
(2)留連――→(2)友引
(3)速喜――→(1)先勝

(4)赤口──→(6)赤口
(5)小吉──→(3)先負
(6)空亡──→(4)仏滅

一応このように対比できるが、それぞれ多少ニュアンスが違っている。なかでも小吉と先負ではかなり違っており、組み合わせ上やむをえずそうしているといった方がよい。

このなかで、両者の名称が一致しているのは大安と赤口だけである。速喜は名称上も先勝と合うし、留連と友引《ゆういん》とは音が似ているし、空亡が虚亡となり物滅に変化して最後に仏滅になったことはまだ理解ができるが、小吉・将吉が先負になった理由がなかなかつかめない。あるいは先勝と対にするために先負が作られただけで、小吉との関連はまったく無視されたのかも知れない。

明治改暦以前の頒暦や雑書の類《たぐい》には無数といってよいほどの日の吉凶に関する占い記事が掲載されている。それらの大半は何らかの意味で陰陽五行の思想に立脚し、古くからの内外の書籍に出典が求められるものであった。たとえば、時刻占の六壬の方は李淳風に仮託され、『事林広記』以下の諸書に掲載されているから、それなりに根拠と権威とを持っているわけである。

しかし、日本式の六曜の方はいつ、誰が考えついたものか知られていない。権威ある典拠がない。陰陽道関係なら安倍晴明《あべのせいめい》著と伝えられている『簠簋《ほき》』にでも載っていればよいのだが、年代的に勿論《もちろん》収録されているわけがない。そうなると、六曜の呼称や吉凶の解釈の統一性を保つことは困難である。

呼称についても、これが正しいというものがないから実にさまざまに呼ばれている。

先勝「せんせう＝せんしょう」、「せんかち」の二通りが今日まで用いられている。

友引「ともびき」、「ともひき」の二通りほか、幕末の弘化《こうか》ごろまでのものには、「ゆういん」があり、この方が古い。

先負「せんぶ」、「せんぷ」、「せんまけ」の三通りがある。

仏滅「ぶつめつ」

大安「たいあん」または「だいあん」

赤口「しやっこう」、「しやっく」、「せきこう」、「しやくくち」、「じやっこう」、「せきぐち」というように六通りあって最も混乱をきわめている。

このように音読みのもの、重箱読みのもの、訓読みのものと種々雑多をきわめている。

先勝・先負を「さきかち」「さきまけ」と読まないところを見ると、一応第一字は音読みにする習慣のようであるが、流動的である。友引だけが「ともびき・ともひき」である。

「ゆういん」を友引と書いた後に、友を引くという字面に引かれて解釈が出来てしまった結果、ゆういんにもどすことができなくなってしまったのであろう。

仏滅も空亡・物滅以来の解釈に新しく「仏」にとらわれた解釈が加えられてしまった。

「神仏をいのるによし」、「凶仏事によし」、「仏事はよし」といった文言が明治以後の民間暦に散見している。

典拠のない占日法だけに、六曜の解釈は千差万別というほどではなくとも、まことにまちまちで統一性がない。

おばけ暦と六曜

六曜は幕末頃にはかなり普及した占日法だったと思われるが、主として勝負事や投機的な目的に用いられたもののようで、そのことはその頃の吉凶の説明によって覘《うかが》うことができる。しかし、ついに官暦に登場することなく明治の改暦を迎えた。改暦後の太陽暦は一切の迷信的暦註を排除してしまったから、これにもまた採用されることがなかった。

ところが、明治十五、六年頃から「おばけ暦」が出現しだし、これに始めて掲載されることになった。「おばけ暦」とは正規の許可を得ないで発行された「偽暦」のことで、官憲の目を潜って神出鬼没的に闇の売買をするところから、そう名付けられたものである。

「おばけ暦」が何故この頃出現したかというと、政府公認の太陽暦には民間の需要を無視して迷信暦註を一切掲載しなかったことと、それまで頒暦を官許により独占していた頒暦商社の特権が明治十五年をもって終了したために、同商社の市場取締りの力が緩んだこと。明治十六年暦から暦の専売権が伊勢神宮に委ねられるとともに、一枚刷りの略暦の出版が一般出版物と同じく、出版条令に準拠して何人にも許されることになったことなどによる。「おばけ暦」は略本暦の体裁を真似ており、略本暦に添付された頒暦証紙に似せたものまで付けて発行されたほどであって、「暦」という字を避けて巧みに取締りの目をぐって刊行された。六曜や九星、三隣亡などはこの偽暦によって全国的に普及することになったのである。唯一《ゆいいつ》の官暦であった神宮暦には明治の末年まで旧暦が併記されていたが、それが削除されると旧暦の日付を知るためにもますます「おばけ暦」が必要になってくる。

日中戦争の開始とともに、出版統制が厳しくなり「おばけ暦」は次第に姿を消して行き、一枚刷の略暦にも旧暦や六曜などの記事が削除されてしまった。しかし、敗戦とともに暦の出版が自由となり、「おばけ暦」は民間暦として公然と出版されることになった。六曜等の記載が復活するとともに、戦前にもまして広く行われるようになり、近年はますます盛んになる傾向がある。

風景や美人のモデルなどを配したカレンダーは戦前にも作られていたが、なんといっても戦後の流行物である。カレンダーの流行によって戦前盛んだった日めくりや一枚刷の略暦は大分すたれてしまった。日めくりと略暦には必ずといってよいほど六曜が入っていたが、スマートさを売り物とするカレンダーにはあまりこまごまとした暦註を入れなかった。それが近年になって、まず既製カレンダーから六曜が入り始め、企業でお得意先に配布するカレンダーにまで大安だけとか、大安と仏滅というような形で六曜が登場してくるようになってきた。

新聞のなかにも「今日の暦」とか「今日の運勢」というようなコラムを設けて、九星などとともに六曜を紹介しているものがあるぐらいで、各種の民間暦には必ず六曜が記載されている。そのうえ、永く迷信的暦註を全面的に排除していた神宮暦にまで、別刷で六曜表を付けるようになった。

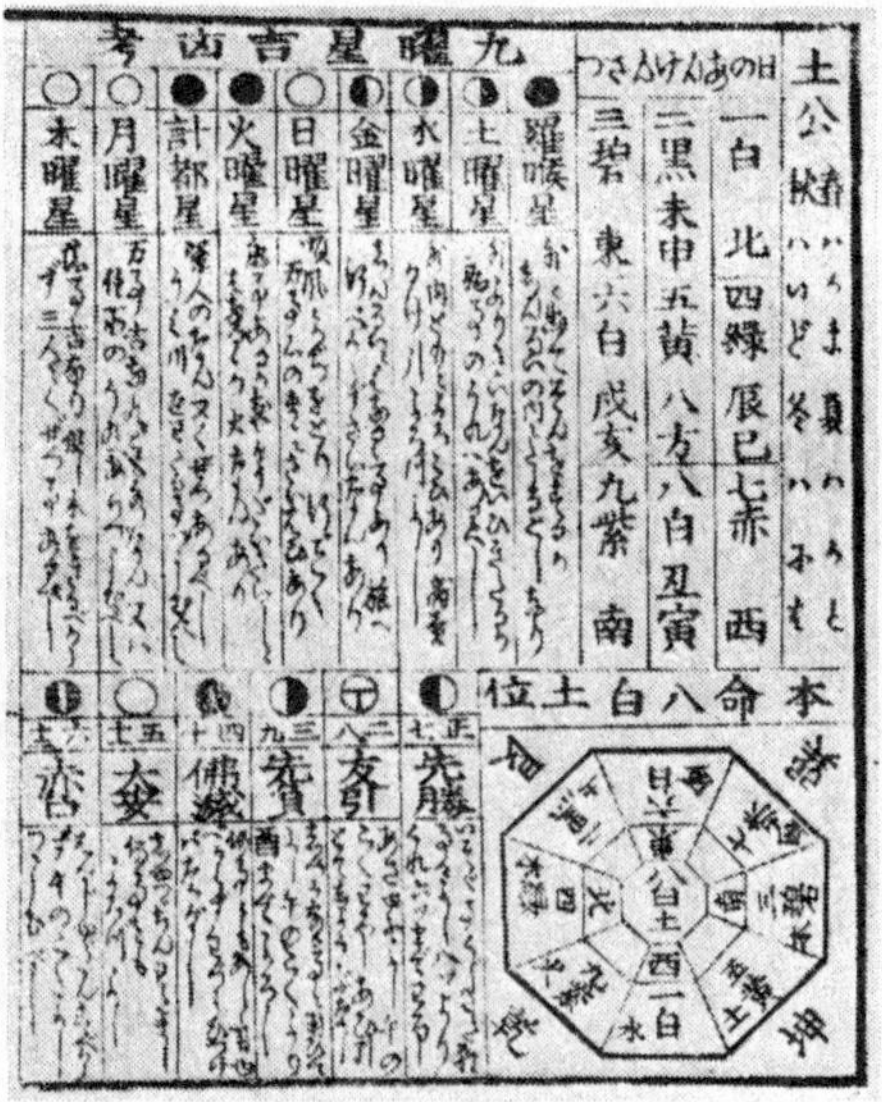

明治17年　おばけ暦の六曜説明

本章の冒頭に述べたように、今日は六曜が大流行している。この現象はどういうところから起きたのであろうか。

まず第一に考えられるのは、占日法の単純化・均一化ということである。吉日を選ぶための暦註は古くは十二直《じゅうにちょく》、二十八宿《にじゅうはちしゅく》、六十干支《ろくじゅうかんし》等々さまざまなものがあり、一方が吉日でも他方が凶日である場合の選択という問題があった。したがって、十二直を用いる人と六曜を用いる人、二十八宿を中心とする人と九星を重視する人という具合で、某月某日が吉日であるか凶日であるか、その解釈は万人が同一というわけにはいかなかった。

複雑で多忙な近代人の生活のなかで、幾種もの暦註を斟酌《しんしゃく》して日々の行動を決めるというのはとても煩瑣《はんさ》で耐えられるものではない。どうしても万能薬的で単純なものへという傾向が生じてくる。それならいっそ日の吉凶など考えることを停めてしまったらよさそうなものだが、そうしないところが日本人の日本人らしさである。

このような傾向が、六日ごとに循環する六曜に人気が集中する結果を生んだものと考えられる。六曜は旧暦の日付によって機械的に決められるもので、暦註としては単純素朴なものである。多くの暦註は節月を用いる「節切り」という繰り方をしており、暦月をそのまま使用する暦註はあまり多くなく、カラクリがすぐ分ってしまうために、あまり高級なものとされないのである。

六曜が旧暦時代にあまり普及しなかったのは、一つにはこの点にあると考えられる。暦日を用いるために、正月朔日《ついたち》は毎年必ず先勝、二日は友引、三日は先負となる。四日が仏滅、五日が大安、六日が赤口である。したがって、正月四日は必ず仏滅であるから、この日に誕生した人は終生仏滅が付いてまわることになる。ところが太陽暦で生活している我々にとってみると、今年の元日が大安でも来年は大安とはかぎらず、仏滅になったり友引になったりするから不思議である。そのうえ、旧暦の月が変る際に六曜が飛ぶからなおさら不思議不可思議という気がする。カラクリを知ってしまえば何でもないことだが、知らない人はちょっと神秘的に感じる点が魅力となる。

現代生活の中で

単純でしかもちょっぴり神秘性を持っている点が六曜の人気の根源である。そのうえ、先勝とか友引とかいう名称がそれほど難しいものではなく、文字面からどんなにでも拡大応用して解釈できることである。しかも日本人独特の同和協調の精神が作用してくる。他人様が大安で目出度いと喜んでいるのに、あえて異をとなえるようなことはしない。たとえば結婚式の日取りを決める時に本人達は仏滅だろうが赤口だろうが気にしないのだが、両家の老人達が大安をかつぐなら、それに従うという話をよく聞くが、その考え方が六曜をますます流行《はや》らすことになる。

戦後は全般に住宅が狭小になったこともあるし、祝儀不祝儀に隣近所が共同扶助するという気風も乏しくなったから、ホテルや会館などで披露宴を催すことが通例となってきた。その方が手間が省けるだけでなく豪華であるし、列席者が喜ぶわけである。この風潮が結果的に六曜を盛行させることになった。

しかしながら、六曜が流行りすぎてかえってホテルや結婚式場専門の会館などでは困っている。大安の日には超過密のスケジュールとなり、多くの申込みをことわらなければならない反面、仏滅には閑古鳥が鳴くことになっている。大安に結婚式のラッシュがあれば、お決りの新婚旅行の出発もその日の午后か翌朝に集中する。こちらの方の交通機関も宿泊所も満員御礼となる。大安と翌日の運賃を割増にしている航空会社もあると聞いている。

ホテルや会館以外にこの片寄り現象に悲鳴をあげているのが貸衣裳《かしいしょう》屋さんである。新郎新婦の晴れ衣も和装あり洋装ありで、それも年々豪華になりバラエティーにも富んできている。式が大安に集中すれば、幾組もの衣裳をそろえておかなければならず、残りの五日間は遊ばせておくことになる。もしこれがならして利用されれば……という胸算用も出てくるわけである。

かつて六曜の流行に片棒をかついだホテルや会館や貸衣裳屋さんも、今では逆に六曜が無くなれば良いと考えるようになってきた。まったく皮肉なことである。

実はある大手の貸衣裳会社の社長さんから、六曜流行沈静の手はじめとして新暦による六曜は作れないかと相談を受けた。上述のように六曜は旧暦の暦日に機械的に割付けているだけのものである。これを新暦の日付に割付けることはいとも簡単なことである。その上、新暦六曜は毎年暦日と六曜が一致する点便利である。来年、来々年の何月何日は六曜では何かという心配をしないですむわけである。

問題は伝統的な従来の六曜に対する信仰にうち勝てるかどうかという点にある。この課題は六曜だけでなく、他の暦註にも関係があり、さらに、それらの根拠になっている旧暦そのものについての評価につながってくる。と力《りき》んだものの、この企画はわずか二、三年で打ち止めになった。誰も新しい六曜を使おうとしなかったからである。

今日旧暦と呼ばれているものは、最後の太陰太陽暦法である天保暦のことである。しかし厳密には擬似《ぎじ》天保暦とでもいうべきもので、本当の天保暦の暦法通りのものではない。

まず第一に天保暦では京都を基準にしている。つまり京都の緯度と経度によって暦の時刻を決め、一日十二辰刻の不定時法で表示しているが、今日では東経百三十五度を標準子午線として時刻を決め、一日二十四時間の定時法で表示しているから、約三分間の相違がある。たった三分間だが、二十四節の入りの時刻や月の朔の時刻が午前〇時の前後に来た時には一日、あるいは一か月の狂いを生じることになる。

また暦法というものは、天体の運行を年々観測して翌年翌々年の位置を推定して暦を組み立てるのではなく、あらかじめ一定の数値(常数)を定めておいて、それによって算術的に計算によって暦を組み立てて行くものである。ところが、現在の旧暦は厳密な観測結果に基づいて朔を求め、太陽の位置を推算して二十四節気の入りの時刻を定めている。しかも、そのデーターは米英の天文台から得ているものである。

明治末年以来東京天文台では旧暦を編纂《へんさん》していないから、今日では民間暦の発行者や易者が天保暦に準拠して各自の方法でまちまちに編暦している。したがって、相互に喰い違いが生じることもありうるわけである。いわばあやふやな「旧暦」によって六曜をはじめとして、種々の暦註が割付けられており、庶民はそれを一生懸命信奉しているわけである。そういうわけで、太陽暦で生活している現代人が明治五年に公式に廃止されて法的根拠もないあやふやな旧暦によるさまざまな暦註を信奉することはまったく理に合わない行いなのである。

ところで、この「擬似天保暦」は西暦二〇三三年に、閏月をどの月の後に置くかについて問題があることが分り、関係者の頭を悩している。

十一章　太陽暦の採用

グレゴリオ暦

今日欧米諸国を始めとして世界の大半の人々が使用している太陽暦は正確にはグレゴリオ暦または英語式にグレゴリー暦（Gregorian Calendar）と呼ぶものである。この暦法は十六世紀末のローマ教皇グレゴリオ十三世によって制定されたところからこの名があるわけだが、これはそれまでキリスト教社会で使用されていたユリウス暦（Julian Calendar）を修正したものである。

ユリウス暦はローマの独裁者ユリウス・カエサル、つまりジュリアス・シーザーがエジプトの太陽暦を手本にして制定したもので、一年を三百六十五日四分一としている。したがって四年ごとに一日の閏日《うるうび》を設けている。この暦法によると暦の一年は実際の一年（太陽年）よりも約〇・〇七八日ほど永くなる。したがって百三十年前後で暦の方が一日遅れてしまう。

だが、シーザーの時代の天文学の知識では完璧《かんぺき》な暦法であった。しかし、シーザーが暗殺されローマ国内に分裂状態が続いている間に四年に一度の閏日は正確に挿入されなかった。シーザーの後継者オクタビアヌス（アウグスッス）が国内を統一して、再びユリウス暦は正しく運用されるようになった。

西暦三二五年に小アジアのニケアでキリスト教会統一のための宗教会議が開催され、それまでまちまちだった復活祭日の日取り決定法を次のように定めた。

「復活祭日は春分の後に出現した最初の満月の後の日曜日とする」

この複雑なルールは、ユダヤ教徒の間で守られている過越祭《すぎこしのまつり》と一致しないためのものであった。過越祭は春分後の最初の満月の日に祝われていたから、もし偶然復活祭の日と重なるようなことがあれば一週間遅らすことになっていた。

キリスト教にとってはキリストの復活は信仰上の最も重大な要件であり、それを祝う復活祭日の決定には大きな関心が持たれたのである。そして、ニケア会議では三月二十一日を春分としたが、それはその頃春分が三月二十一日に当るようになっていたからである。実はキリストの誕生した頃、つまりユリウス暦制定の当初の春分は三月二十五日であったが、すでに四日のずれが生じていた。

キリスト教が西欧諸国を支配していた中世を通じて、春分は次第に移動していった。それが顕著になってくると、このことに気が付いて教会当局に注意を喚起する天文学者があらわれてきたし、教会当局もこの改善に関心をはらうようになった。

グレゴリオ十三世は教皇の座に着くと直ちに改暦のための委員会を招集した。この委員会には天文学者として著名なクラビウスやリリウスなどが加わった。委員会の課題はいかにすれば復活祭をあるべき季節の範囲内に安定させるかにあった。とにかくこのままに放置すれば、春分は三月上旬から二月へ、二月から一月へと移動して行き、とんでもない時期に復活祭を祝うようになるわけである。

季節とずれない暦法とは、つまり一太陽年にできるだけ近い長さを一年とすることである。約百三十年間で一日の誤差を生じるということは、約四百年で三日ということになり、四百年間に百回の閏日を置く代りに九十七回に停めればよい。このために、西暦を四で整除できる年はすべて閏年としていたユリウス暦の置閏法に「ただし百で整除できる年は平年とし四百で整除できる年のみ閏年とする」とただし書きを付ければよい。つまり、一七〇〇年、一八〇〇年、一九〇〇年を平年とし、一六〇〇年、二〇〇〇年は閏年とするのである。

この方法による一暦年の平均の長さは三六五・二四二五日となり、実際の一年との差は〇・〇〇〇三日弱となるから、約三千年に一日の誤差を生じるにすぎない。(近代の天文学者の計算によると二千四百十七年後一日の誤差を生じるとのことである)

改暦委員会が処理しなければならなかったもう一つの問題は、春分をいつにするかということであった。当時春分は三月十一日まで早まっていた。キリストの誕生の頃から十四日、ニケア会議の時から十日先に進んでいたわけである。

三月二十五日、三月二十一日、三月十一日の三つの日付のうちから春分の日付を決めることとなった改暦委員会は論議の末、三月二十一日を採用することになった、つまりキリスト教会の統一というこの会議の成果を現代に再現しようというカトリック教会の意向を尊重したわけである。

一五一七年に端を発した宗教改革運動によって、当時ヨーロッパのキリスト教社会はカトリック（旧教）派とプロテスタント（新教）派とに分裂し、激しい対立抗争をくり返していた。グレゴリオ十三世自身も熱烈なカトリックによる教会再統合主張者であって、プロテスタントの弾圧とイエズス会（耶蘇《ヤソ》会）など旧教右派の運動の推進者であったから、改暦もまた旧教勢力の挽回《ばんかい》政策の一環とみなされていた。

こういう時代背景が、キリスト誕生の時代でも当時の現状でもない、教会統一の記念すべきニケア会議の時代の日付に春分を回帰させたのである。

しかしながら、春分を三月二十一日にもどすためには、どこかで暦日を十日間跳ばさなければならない。この十日の省略は大きな宗教的行事の予定されない時期が選ばれた。すなわち一五八二年十月五日から十四日までの十日間で、十月四日の翌日を十五日とし、週日はそのまま継続することとした。

改暦を伝える教皇の回勅は一五八二年二月二十四日に発せられ、教皇領を始めとして、スペイン、ポルトガル、ポーランドなどの旧教国で回勅に定められた日に改暦を実施した。他の旧教諸国も多少遅れながら改暦を行ったが、教皇に反対する新教諸国や諸都市は「たとえ太陽の運行に反しても教皇の制定した新暦には従わぬ」という強固な意志で断固拒否した。その結果として以後長期にわたってヨーロッパにはユリウス暦を用いる地域とグレゴリオ暦の地域とに分れ、大きな混乱をまねくに至ったのである。

ドイツでは北部の新教を奉じる諸国と南部の旧教国との間で、オランダやスイスでは州や県の単位で分裂状態が続いたが、一七〇〇年にその差がさらに一日追加されることを目前にしてグレゴリオ暦に改暦する地方が多く、西欧のほとんどがグレゴリオ暦に統一されたが、イギリスでは国教会成立の事情から教皇に対する反撥《はんぱつ》が強く、ようやく一七五〇年に至って改暦法が議会を通過し、翌々年にイギリス及び北アメリカ諸州など諸植民地で一斉に改暦が行われた。

ヨーロッパで最後までユリウス暦を固守したのはギリシア正教の諸国で、ロシアは大革命によって一九一八年に、ブルガリアは一九一六年に、ギリシアは一九二四年に至ってグレゴリオ暦を採用した。

ヨーロッパ以外の独立国家では日本が最も早く一八七三年（明治六年）に、日本軍占領下の朝鮮で一八九四年、辛亥《しんがい》革命後の中国が一九一二年、ケマル・パシャの近代化政策によってトルコが一九二七年にグレゴリオ暦を採用した。

このように、欧米諸国及びその植民地ではまずカトリック諸国が、ついで純粋に暦法上の優秀性と他地域との統一性の面からプロテスタント諸国が、そして最後にギリシア正教諸国が西欧との連帯を求めてグレゴリオ暦へ改暦しているのに対し、その他の地域では、近代化のために西洋文明を受容する政策の一環として改暦がはじめて日の目を見ている。つまり、グレゴリオ暦は始めは教皇の暦法として、後には西欧文明を象徴するものとして受けとめられたわけであり、これは産業革命とそれ以後における西欧文明の他地域に対する優越性に起因しているといえよう。

太陽暦の渡来

我国で最初に太陽暦を受容したのは吉利支丹《キリシタン》つまりキリスト教徒であった。彼らは教会暦としてまずユリウス暦を、ついでグレゴリオ暦を使用した。日本人として最初にグレゴリオ改暦を知ったのは、九州諸大名によって派遣された少年使節団の面々であった。彼らは教皇グレゴリオ十三世に拝謁《はいえつ》するための途上で、この改暦に遭遇している。また、日本のキリスト教徒にも一両年のうちに改暦が伝えられた。

吉利支丹にとってはユリウス暦もグレゴリオ暦もパッパ（教皇）の暦であって、信仰生活の上に使用され、禁教以後も遵守された。もっとも、隠れ吉利支丹の時代には教会暦の正しい知識がないままに運用されたから、冬至《とうじ》にクリスマスを祝うようになるなどの変化がみられるようになった。

我国に最初に太陽暦を伝えたのはインドからマカオやフィリッピンを経て来た東廻りのヨーロッパ人であったが、やがてメキシコ経由で交流が開始されると、東廻りの人と西廻りの人の間で不思議なことに日付が一日喰い違うことが発生した。これは当時日付変更線という考え方がなかったことに起因しているわけで、東西両方向から西欧人が来着した場所では避けられなかった現象である。

鎖国時代にもオランダ商館を通じて断片的に欧米の情報が伝えられ、また蘭学《らんがく》の興隆によってグレゴリオ暦の知識が紹介されるようになった。当時の天文・暦学関係の諸書に西欧の暦法としてグレゴリオ暦を紹介したものが少なくない。

オランダ人はバタビア（今日のジャカルタ）で毎年暦を印刷刊行しており、これが長崎のオランダ商館に到着すると、通事（通訳官）によって翻訳された。これが「咬噌吧暦和《からっぱれきわ》解《げ》」で咬噌吧とはバタビアの別名のようである。

「咬噌吧暦和解」はバタビア版頒暦のうちから日月食や、毎月の日数、朔、上弦、望、下弦、入十二宮の日時を書き抜き我国の日付と対照して記している。これは、オランダ人との交渉に当る一部の人々の間で用いられたものにすぎないが、これによって通事や幕府の要職にあった者は毎年正確にグレゴリオ暦の暦日を知ることができたわけである。

この咬噌吧暦和解は天明《てんめい》三年（一七八三）のものから残っており、原本のバタビア版の頒暦《はんれき》も十九世紀に入ってからのものが国会図書館に所蔵されている。

開国と「万国普通暦」

しかし日本人が直接グレゴリオ暦に触れるようになったのは、安政仮条約によって外国との交渉が開始され、欧米人が開港地に渡来して以来のことである。

暦法や時刻法の相違は外交交渉上も商業活動の上にも大きな難関を生じさせた。時刻法の方は舶来時計を使用して「西洋第何字」「西洋時計何文字時」といった表現を使うことで比較的調整が簡単であったが、暦法はそう簡単に西欧に同調することはできない。

幕府は天文方に命じて、安政《あんせい》三年(一八五六)から彼我《ひが》の暦日対照表を作成させた。これは『万国普通暦』と題して刊行されたが、この暦には我国の暦日と西欧諸国の暦日が記載されているが、「英吉利・払郎察《フランス》・和蘭・米里堅《メリケン》」とあるのがグレゴリオ暦による暦日であり、「魯西亜《ロシア》」とあるのはユリウス暦による暦日である。当時ロシア帝国などギリシア正教を奉じる諸国はまだユリウス暦を使用していたからである。

立春正月を基本とする太陰太陽暦と太陽暦とでは毎年相互に日付が違ってくるから、対照表は毎年作り変えなければならない。そのうえ太陰太陽暦の十一月乃至十二月は太陽暦では翌年に入ってしまう。暦日の相違だけでなく年次の違いが生じる。勿論《もちろん》祝祭日が違うし、週制の有無による休日の喰い違いの問題がある。

西洋人と接触した日本人は暦法の相違に困惑したとともに、太陽暦の簡便さにも感銘を受けたことであろう。さらに幕末に使節員や留学生として欧米に渡って実際にグレゴリオ暦によって生活した人達は太陽暦の便利さを体験したわけで、後にそれらの人の中から改暦論者や改暦後の太陽暦啓蒙家《けいもうか》が出現しているのである。

保守的な体質の幕府のもとでは改暦は問題にならなかったが、明治維新によって新体制が出現するとともに、諸制一新の風潮に乗って暦制の上にも数々の変革が加えられることになった。

この頃もう一つの太陽暦との出合いがあった。それは長崎の吉利支丹と教会暦との再会であった。

開港とともに長崎には多数の外国人が居留するようになったが、それらの外国人のうちでカトリック教徒のための教会がフランスの宣教師プチジャンによって大浦《おおうら》に建立された。この珍奇で壮麗な建物を一目見ようと連日大勢の日本人がおしかけたが、そのうち遂に浦《うら》上《かみ》の隠れ吉利支丹が、その建物が自分達の信仰と同じイエス・キリストの教会であり、その中にキリストやマリアの像を発見してフランス人神父に信者であることを告げた。

この事件は日本キリスト教徒の発見として西欧諸国に報じられて大きな話題となるが、国内では「浦上四番崩れ」として、吉利支丹の大量検挙という悲劇に発展した。しかし、その間に幕府が崩解して、事態は好転するかと思われたが、新政府は引き続き吉利支丹を邪教として弾圧し、在日外交団からの厳しい抗議にもかかわらず、数千人の信徒を追放し諸藩に分散して、「いかなる使役に使用するも勝手たるべし」とした。

そのような悲劇のなかで発行されたのが「天主降生千八百六十八年瞻礼記《しんれいき》」と題された粗末な一枚刷りの教会暦である。この暦には年間の主要なカトリックの祝祭日と「どみにか」（主の日＝日曜日）が記載されている。用語は当時の吉利支丹になじみやすいように、レント（四旬節）を「かなしみ節」、復活祭を「御ぱすくわ」、クリスマス・イブを「御主お誕生かくご」というように記載してある。さらに日本人の使用している天保暦《てんぽうれき》の日付になっており、信徒が使い易いように細心の注意をはらっている。

この教会暦の発行された一八六八年、つまり明治元年には逮捕された信徒たちが次々に長崎から送り出されていた時であり、彼らが、涙とともに送った日々である。この暦は隠れ吉利支丹のローマ・カトリック教会への復帰を示す光栄の記念物であるとともに、悲惨な殉教を物語る歴史的遺品でもある。

たった一枚の暦ではあるが、維新の大事業の背後に鎖国時代の後遺症ともいうべき吉利支丹弾圧がまだ続いていたことを知らせてくれる貴重な史料といえよう。

一世一元制の採用

明治維新にともなって、年号（元号）制度や紀年法の変更、太陽暦の採用や時刻法の改正というように矢継ぎ早に暦制暦法の変革が行われた。それは封建社会から近代社会への脱皮を目指した根本的改革の一部であった。

その最初が慶応《けいおう》四年九月八日の明治への改元であった。この改元そのものは明治天皇の即位にもとづく代始改元であって、古来からの慣習に従ったものであるが、改元の詔の中に「其れ慶応四年を改めて明治元年となす。今より以後旧制を革易して一世一元以て永式となせ」（原漢文）と記してあるように、これ以後の一世一元制の基を啓《ひら》いたのである。

同時に発せられた太政官の布告はこれを敷衍《ふえん》して「今般御即位御大礼被為済先例ノ通被為改年号候就テハ是迄吉凶ノ象兆ニ随ヒ屢改号有之候ヘトモ自今御一代一号ニ被定候依之改慶応四年可為明治元年旨被仰出候事」（今般御即位御大礼済ませられ、先例の通年号を改めなされ候、就ては是迄吉凶の象兆に随ひ屢《しばしば》改号之有《これあり》候へども自今御一代一号に定められ候。之に依て慶応四年を改めて明治元年となす旨仰せ出され候事）と述べている。

我国で年号制度が確立した大宝《たいほう》（七〇一―三）以来、歴代天皇の代始の他瑞祥《ずいしょう》の出現や天災凶事に当って改元が行われ、また辛酉年《しんゆう》（革命）甲子年《かっし》（革令）にも改元して難を避ける風があったから、これまでに二百を超える年号が用いられていた。

もともと年号制度は中国において皇帝は時空ともに支配するとする思想から出発したものので、漢の武帝以来連綿と継承され、また周辺の諸民族の間で模倣《もほう》されてきた東亜独自の慣習である。吉祥凶事による改元も中国に端を発しているが、その弊習は元《げん》時代に改められて一世一元の皇帝が多く現われ、次の明《みん》及び清《しん》両朝においては制度として確立した。我国においても江戸時代には識者の間でこのことが論じられたが、ついに明治改元に至って実現をみたのである。

ここで一世一元の制が定められた原因の一つには、幕末における頻繁な改元の体験があげられるであろう。嘉永から明治までのわずか二十年間に実に七回の改元があった。

嘉永（一八四八）孝明天皇の代始改元
安政（一八五四）皇居火災、地震、外患
万延（一八六〇）江戸城火災、外患
文久（一八六一）辛酉革命の改元
元治（一八六四）甲子革令の改元
慶応（一八六五）禁門の変、外患
明治（一八六八）明治天皇の代始改元

一世一元制は「旧皇室典範」によって法文化されて、大正・昭和と継承され、さらに今日の「元号法」に続いているが、「旧皇室典範」では践祚と同時に改元することが定められていた。このために、「慶応四年を改めて明治元年となす」というように、その年の年初に遡《さかのぼ》って新年号に改称するのではなく、践祚《せんそ》の日の午前零時をもって新年号の第一日とすることになったのである。この点それまでの代始改元と性格が異なったものとなっている。

一世一元の制は結果的に天皇の諡号《しごう》を決定することとなった。明治天皇の場合はまだこの習慣が成立していなかったから、後神武という案があったとも伝えられているが、大正天皇の場合は明治の前例があるので問題なく在世中の年号即諡号ということになった。そしてこの先例は今後元号制が維持される間は引き続き守られるであろう。

一世一元制と並んでもう一つの紀年法上の変革が行われている。それは神武《じんむ》天皇即位紀元、つまり皇紀である。『日本書紀』は辛酉《しんゆう》年正月朔日に神日本磐余彦尊《かむやまといわれひこのみこと》が畝傍山《うねびやま》の麓《ふもと》で即位したと記しており、この辛酉年を西暦前六六〇年とするから、皇紀は元年をこの年とするものである。天保十一年（一八四〇）は皇紀二千五百年に相当しており、尊皇思想と結合して神武天皇即位より何年というように神武建国を懐顧して年数を数えることが一部の学者の間で行われた。しかし、これは皇紀を紀年法として考えるというのではなく、あくまで神武以来何年を経過したという歴史的な用い方であった。

神武以来の年数を数えるという方法はすでに慈円《じえん》の『愚管抄《ぐかんしょう》』に採《と》られており、別に目新しいものではなかったが、幕末のそれは尊皇思想と結び付いて、この思想が明治維新、王政復古という形で結実したことによって、神武以来何年という後向きの紀年法も何らかの形で現実のものになる可能性を持つことになった。

「神武天皇即位紀元」という紀年法を最初に提案したのは津田真道《つだまみち》であった。彼は明治二年四月に公議所に対して、「年号ヲ廃止シ一元ヲ可建ノ議」を提案した。津田は欧米におけるキリスト降誕紀元（西暦）やイスラム教国の回教紀元（ヘジラ紀元）、あるいはユダヤ教徒の天地開闢《かいびゃく》紀元などの例に倣《なら》って皇紀の制定を主張している。

つまり、彼の主張には尊皇思想だけではなく開国によって人々の間に意識された連続的な紀年法の必要性というものが含まれている。彼が西暦をそのまま移入しようとしなかったのは、それが国禁のキリスト教の教祖の誕生をもって紀元とすることや、当時西暦のみが唯一の紀年法ではなく、なお多くの国でイスラム紀元その他の紀年法を使用していたことなどが知られていたからであろう。

王政復古をもってスローガンとして達成した維新当初に当っては、当然皇祖の即位をもって紀元とする皇紀の考えが優先するわけであって、これを狭隘《きょうあい》なる国粋主義の所産と断ずるわけにはいかない。

津田の建議はこの時には採用されなかったが、三年後の明治五年十一月十五日に実を結んだのである。

「浄書の暦」の提案

津田の建議と同じ明治二年四月に長野卓之允は暦から一切の迷信的暦註を削除することを公議所に建議した。いわゆる「浄書の暦」の提案である。古来頒暦《はんれき》には純粋に暦学的な要素の他に数十項目に及ぶ陰陽道的な暦註が記載されており、これに対してすでに江戸時代には儒教的合理主義の立場から批判が加えられていた。

たとえば中井竹山《なかいちくざん》は『草茅危言《そうぼうきげん》』のなかで「総じて暦の肝要は、月の大小をたて、干支をわりつけ、二十四気を分配し、日食月食をしるし、土用の入（八十八夜）、二百十日をしらすなどの数項にすぎ」ないから「一向無稽の妄誕」であり「大に世の害をなす」一切の迷信記事を追放すべきことを論じている。

また山片蟠桃《やまがたばんとう》は「享和二年壬戌天暦」を考案してその中で「世俗デハ暦家ノ吉凶ヲ用ヒテキルガ、宅ヲ徙シ結婚ヲスルノニ、其害ハ甚ダシイ。ダカラ吉凶ヲ記入シテイナイ。コレハ人心ヲシテ惑フ所ナカラシメンガタメデアル」と述べている。

長野の建議もこのような主張の延長線上にあるわけで、公議公論の風潮に乗って具体的に公の場に提案されることになったのである。津田の皇紀の提案と相前後して提出されたこの建議は、同様にこの時点では実を結ばなかったが、太陽暦の採用にともなって官暦から一切の迷信暦註を追放することで実現することになった。

長野の一見平凡な建議は明治六年から十五年までの官暦、十六年暦からの神宮の本暦・略本暦、戦後の天文台編の暦象年表（『理科年表』）へと受け継がれたのである。

これより前、新政府は編暦頒暦の全権を土御門《つちみかど》家に一任している。これは慶応四年二月朔日に提出された推暦の件と七月二日に提出された頒暦委任の土御門晴雄の願に応じたものである。

土御門家は暦役所(弘暦処)を開設して全国の弘暦者を支配下に置くことになるが、三年二月十日には天文暦道のことが大学に移管される。

先の推暦の願いには、意図的に貞享《じょうきょう》改暦のことが省かれ、宝暦《ほうれき》改暦の際推暦頒暦の権が幕府天文方に強奪されたかのごとく記しているきわめて作為的な文章である。事実は貞享改暦によって推暦頒暦ともに天文方にお株をとられた土御門家で宝暦改暦を機に巻き返しが計られたが、宝暦暦が不備であったためその改訂が必要となり、再び天文方が掌握することになって幕末に至ったのであった。したがって貞享改暦以後はわずかの期間を除けば土御門家は推暦には関与せず、わずかに陰陽道的暦註を被官幸徳井家が書き加える際に陰陽頭《おんようのかみ》家として関与するのみであったといえよう。

土御門家は幕府が崩解し王政復古が実現した絶好の機会を巧みに利用し、推暦と頒暦の特権の挽回《ばんかい》を計ったわけである。土御門家は従来の暦師を弘暦者として頒暦に当らせたが、必ずしも従来の実績によったものではなく、たとえば逸早《いちはや》く土御門家との関係を樹立した三島暦の河合家の場合には、これまで伊豆《いず》・相模《さがみ》二国に限定されていた三島暦の頒布地域を右二国の他に駿河《するが》・甲斐《かい》・安房《あわ》にまで拡大している。

明治三年二月に天文暦道が大学の管轄とされ、大学内に天文暦道局が設けられ、五月に土御門和丸以下が天文暦道局御用掛となり、土御門暦役所のメンバーは一たん新役所に吸収されるが、八月に天文暦道局が星学局と改称され、十月に京都に残された土御門家の分局が廃止され、さらに十二月には土御門和丸が大学御用掛を免職となって土御門家の暦支配は槿花《きんか》一朝の夢と消えてしまった。

大学・星学局では新しく頒暦規則を定めて明治四年七月に施行した。この規則では暦売弘社中に金一万両の冥加金《みょうがきん》を徴収して頒暦させることになっており、頒暦商社設立の先駆《さきが》けとなったのである。

津田・長野にやや遅れて同じ明治二年の六月に市川斎宮が改暦案を建議した。この改暦案は太陽暦の二種で、平年三百六十五日、閏年三百六十六日とする。ただし立春を新年とする点が特色であって、この種の考えはすでに江戸時代から存在した。

市川の建議が行われたのは五稜郭《ごりょうかく》が陥落してようやく維新の戦乱が終焉《しゅうえん》したばかりの時であったから、当局の関心をよばなかった。市川案は暦法の優劣は別として、もしこれが実施されれば欧米との暦日の不一致をもたらし、その後の我国の発展に障害となったであろう。

改暦詔書の発布

明治五年十一月九日、改暦の詔書と太政官の布告をもって政府は突如太陽暦への改暦を発表した。

詔書は当時としては平易懇切なもので、次の通りである。

「朕惟《おも》フニ我邦通行ノ暦タル太陰ノ朔望ヲ以テ月ヲ立テ太陽ノ躔度《てんど》ニ合ス故ニ二三年必ス閏月ヲ置カザルヲ得ズ置閏ノ前後時ニ季候ノ早晩アリ終ニ推歩ノ差ヲ生スルニ至ル殊ニ中下段ニ掲クル所ノ如キハ率ネ妄誕《もうたん》無稽《むけい》ニ属シ人智ノ開達ヲ妨ルモノ少シトセズ蓋シ太陽暦ハ太陽ノ躔度ニ従テ月ヲ立ツ日子多少ノ異アリト雖モ季候早晩ノ変ナク四歳毎ニ一日ノ閏ヲ置キ七千年ノ後僅ニ一日ノ差ヲ生スルニ過キズ之ヲ太陰暦ニ比スレハ最モ精密ニシテ其便不便モ固ヨリ論ヲ俟タザルナリ依テ自今旧暦ヲ廃シ太陽暦ヲ用ヒ天下永世之ヲ遵守セシメン百官有司其レ斯旨ヲ体セヨ」

詔書はまず太陰太陽暦の仕組みを述べて閏年の不便、また迷信暦註の弊害を説き、次に太陽暦の正確であることと便利さを挙げて改暦の理由としている。

この文中太陽暦の置閏法と精確度について「四歳毎ニ一日ノ閏ヲ置キ七千年ノ後僅ニ一日ノ差ヲ生スルニ過キズ」と述べているが、これだけではユリウス暦の置閏法であってグレゴリオ暦の採用とはいえないが、実際に行われたのはグレゴリオ暦の暦日であった。また七千年の後に一日の差を生じるという言葉はユリウス暦にもグレゴリオ暦にも適合しない。

この数値の出典は文政《ぶんせい》六年（一八二三）に刊行された吉雄俊蔵《よしおしゅんぞう》の『遠西観象図説』に拠ったものと思われる。同書中巻「太陽暦」の中に「業列互利《グレゴリ》」暦を説明して「此法ニ拠ルトキハ七千二百年ニシテ一日ノ不足トナルノミニシテ由利安《ユリアン》ノ暦法一千六百年ニシテ十余日ノ不足ヲナスニ比スレバ歳実ヲ失フコト太ダ少シ」と述べている。

吉雄の説明は実際よりもグレゴリオ暦を精密なものとしているが、それは一円環年（太陽年）を三百六十五日五時四十九分としているからである。実際は三百六十五日五時四十八分四十六秒ほどであるから、吉雄は一年の長さを十四秒ほど長くとりすぎている。これが誤算の原因であるが、かえってグレゴリオ暦をより正確に受け止める結果を生じたわけである。

実はこの詔書の原案は権大外史であった塚本明毅《つかもとあきたけ》が執筆している。塚本の建議によって改暦が決定されたことになっているが、それは形式上のことで、後述のように政府はすでに改暦を決定し、その準備を着々と進めており、それが完了した段階で塚本に建議を提出させたわけである。

したがって、詔書の文は塚本の建議に多少手を入れた程度のものとなっており、詔書の原案といってよいものである。その建議にも「蓋シ太陽暦ハ太陽の躔度ニ依テ月ヲ立テルヲ以テ日子多少ノ異アリト雖モ季候早晩ノ変ナシ四歳毎ニ一日ノ閏ヲ置キ七千年ノ後僅ニ一日ノ差ヲ生スルニ過キス」とあり、七千年云々《うんぬん》は塚本から始まったことになる。

塚本は勝海舟《かつかいしゅう》等とともに幕府海軍創設者の一人で蘭学にも精通していたから、吉雄の説を知っていたと考えられる。当時すでに欧米の天文暦学書が入っており、より正確な数値が知られていたはずであるが、暦法の専門家ではない塚本は多少時代遅れではあるが、識者には愛用されていた吉雄の説に拠ったものと思われる。

詔書と同時に出された太政官の布告は次の通りであった。

「一、今般太陰暦ヲ廃シ太陽暦御頒行相成候ニ付来ル十二月三日ヲ以テ明治六年一月一日ト被定候事　但新暦鏤板《ろうはん》出来次第頒布候事

一、一箇年三百六十五日十二箇月ニ分チ四年毎ニ一日ノ閏ヲ置候事

一、時刻ノ儀是迄昼夜長短ニ随ヒ十二時ニ相分チ候処今後改テ時辰儀時刻昼夜平分二十四時ニ定メ子刻ヨリ午刻迄ヲ十二時ニ分チ午前幾時ト称シ午刻ヨリ子刻迄ヲ十二時ニ分チ午後幾時ト称候事

一、時鐘ノ儀来ル一月一日ヨリ右時刻ニ可改事

但是迄時辰儀時刻ヲ何字ト唱来候処以後何時ト可称事

一、諸祭典等旧暦月日ヲ新暦月日ニ相当シ施行可致事」

この太政官布告には太陽暦の月の大小と新旧時刻の対照表が示されているが、太陰太陽暦から太陽暦への改暦という暦法上の大変革を命じたものとしてはあまりに簡略すぎるものである。そのうえ「新暦鏤板出来次第頒布候事」という但書きは、当日まだ一般国民に頒布すべき暦が出来ていないということであって、これはいささか驚いた布告である。

明治五年十一月は旧暦と太陽暦がちょうど一か月遅れになっていて、詔書の出された十

一月九日は太陽暦の十二月九日であった。新暦実施まで二十二日しか残されていなかったわけである。

この年新橋・横浜間に我国最初の鉄道が開通しており、郵便は前年春始めて設けられたばかりでまだ全国的には普及していないという状態であった。電信は一足先に主要都市を結んでいたが、改暦の報を全国民に徹底させるためには不充分であった。

新しい法令はまず東京で版木をおこして印刷し、道府県庁に送達し、そこで再び道府県の布達を加えて版摺りにしたものを郡役所へ、郡役所から所轄の町村に直接あるいは数か村の組合へ回状として送達する方法がとられた。したがって、改暦の詔書や布告が民衆に到達するまでにはかなりの日数が必要であった。

このような通信に日数がかかる情況のなかで、しかも一年の総決算の時期をひかえて突然改暦を断行したのは何故であろうか。蛮勇といおうか暴挙といおうか、あまりにも強引な改暦である。それにはそれなりの必然性があったはずである。

改暦の直接的原因

日本が開港して欧米との交渉が開始されて以来、いつの日にか欧米と同じ太陽暦（グレゴリオ暦）に改暦することは必然の成行きであったが、その具体的な期日は政治的な決断を待たなければならないわけである。つまり改暦は決して学問上の問題ではなく政治上の問題だからである。そして政治は主として経済上の動向に左右される。

明治の改暦を推進したのは大隈重信《おおくましげのぶ》と同郷の大木喬任《おおきたかとう》であった。大木は天文暦道を管轄する文部卿であった。大隈は後年『大隈伯昔日譚』のなかで改暦の原因を次のように回顧している。

「且官吏の俸給と云ひ、其他の諸給と云ひ、王政維新の前に在りては、何れも年を以て計算支出せしといへとも、維新の後に至りては月俸若しくは月給と称して、月毎に計算支出することと為れり。然るに、太陰暦は太陰の朔望を以て月を立て、太陽の躔度に合するか故に二三年毎に必らず一回の閏月を置かさるへからす。其閏月の年は十三ヶ月より成れるを以て、其一年たけは、俸給、諸給の支出額、凡て平年に比して十二分の一を増加せさるへからす。（中略）而して平年の支出額に比し、其十二分の一の増加を要する閏月ある年は、正に近く明年（乃ち明治六年）に迫れり。此閏月を除き以て財政の困難を済はんには、断然暦制を変更するの外なし」

これによれば改暦の原因は財政難ということになる。政府は明治四年に年俸制から月給制に切り換えているが、その理由もやはり財政上の窮困からだったと思われる。それまで、明治元年、三年と二回閏年があったが年俸制であったから直接影響は被らなかった。しかし月給制になった後は閏年の問題は政府の頭痛の種となるわけである。

政府要人が明治六年に閏六月が到来することを知ったのは、頒暦商社から翌年暦の見本を回付された時であったと思われる。すでに春に天文局は、翌六年暦の原稿を頒暦商社に渡しており、各商社員は当局の指示のもとに製造準備を進め、十月末には販売を開始している。もし政府の改暦方針が夏頃までに決定していれば、毎年一万両（円制実施後は一万円）の冥加金を納入する頒暦商社にみすみす大損をかけるようなことはしなかったであろう。もはや従来の天保暦による明治六年暦の発売にストップをかけられないほどの時期にさしかかってからの改暦決定だったと思われる。

そのことを推測させる一通の書簡が早稲田大学図書館「大隈文書」に残されている。それは大木文部卿から大隈参議に宛てたものである。

「太陽改暦之儀過日被仰聞候次第も有之掛之者へ尚又及督責候処別紙之通申出候就而者不日出来可仕と奉存候御含迄に一寸申上置候　頓首

十月十日

出来次第早々さし出可申候

大隈様

大木」

（太陽改暦の儀、過日仰せ聞され候次第もこれ有り、掛の者へ尚又《なおまた》督責に及び候ところ、別紙の通り申し出で候。就ては不日出来仕つるべくと存じ奉り候。御含みまでに一寸申し上げ置き候。頓首　十月十日　出来次第早々さし出し申すべく候　大隈様　大木）

これによると十月中旬には改暦の準備がほぼ完了したようで、文面から察するに改暦の方針で掛の者に命が下ったのは、この書簡よりせいぜい一か月か一か月半程前のことのようである。とにかく岩倉《いわくら》、木戸《きど》に大久保《おおくぼ》ら遣外使節団を送り出した後の留守政府の中心人物であり財政責任者である大隈参議の改暦への力の入れようは尋常のものではなかったといえよう。

各種の新施策――軍隊・学校・鉄道・殖産興業……――の実施のために政府の財政は火の車であったから、明治六年閏六月を絶対に回避しなければならなかった。そのためには改暦によって太陽暦を実施するしかなかったのである。

太陽暦の採用は遣外使節団の安政不平等条約の改訂交渉にも有利に作用するはずであった。当時欧米人が日本の未開を口にする時にはしばしば太陰太陽暦の使用をとりあげたからである。欧米と同一の暦法暦日の実施は一番金のかからぬ手っとり早い文明化であったといえよう。したがって出発に先立ち留守政府に対して急進的な文明開化政策の実行に釘《くぎ》をさしてきた使節団もこの件について苦情はなかったと思われる。おそらく改暦については事前に国際電信によって両者の合意が得られていたであろう。

ところで、明治五年十二月三日をもって新暦の一月一日にすることによって政府は思わぬ大儲《おおもう》けをすることになった。それは十二月が朔日《ついたち》、二日の二日間しかなくなったということである。そこで最初は十二月朔日を十一月三十日（十一月は二十九日までの小の月であった）、二日を同三十一日として、明治五年十二月を抹消することにしたが、そのような小細工はいたずらに混乱を招くというのでそのまま十二月朔日、二日とした。しかし、わずか二日間の十二月に一か月分の俸給を支払う必要はないとして、官吏に対し十二月は月給を支給しないと決定した。これによって、政府は明治五年十二月と来るべき明治六年閏六月の計二か月分の月給を節約することができたわけである。

このように改暦断行の時期はこの時をおいて他になかったわけである。そしてそれほどこまでもお上の都合によったわけである。抜打ち改暦によって泡《あわ》を喰ったのは庶民だけではなかった。官吏諸氏もご同様であったのである。

民衆の戸惑いと啓蒙書

太陽暦への改暦はどこまでも政府の御都合本意のものであった。改暦実施までに二十二日しか余裕がなく、しかも一年のうちで最も多忙な十二月を二日で打ち切るという性急なものであった。

一五八二年にグレゴリオ十三世が改暦の回勅を出したのが二月二十四日で改暦まで七か月以上の期間があった。イギリスとその植民地の改暦の場合には、一七五〇年に「改暦法」（カレンダー・アクト）が通過して翌々年の九月に施行している。この時は九月の三日から十三日までの十一日間を抜いた暦があらかじめ民衆に行きわたっていた。アメリカ植民地ではフランクリンがこの暦を出版して大当りをしている。

これらの例で見ても分るように、太陰暦から太陽暦という暦法そのものの根本的変革ではなかったが、十日乃至十一日の省略をともなうための改変であるために、前もって充分な期間を必要としたのである。それでもイギリスでは改暦にあたって十一日の省略が人の寿命そのものを短くすると誤解した人々が「我らの十一日を返せ」と叫んで大臣の馬車を包囲したという騒ぎがおきたほどである。

江戸時代には貞享《じょうきょう》・宝暦《ほうれき》・寛政《かんせい》・天保《てんぽう》と四度の改暦があった。これは太陰太陽暦の常数や暦註記載上の部分的改訂にすぎず、民衆の生活に直接影響を及ぼすものではなかったが、幕府は各地の暦師に改暦発表以前に改暦の行われることを内示し、あるいは秘密を厳守する誓約を取った上で新暦法による翌年暦の原稿を回して印刷させている。天保暦の場合には改暦の翌々年暦から新暦法による頒暦を製造させるなど充分な配慮をめぐらしているのである。

明治の改暦に当ってはこのような伝統をまったく無視してしまったのである。前述のように政府の指導によって頒暦商社は天保暦による翌明治六年暦を製造し、すでに販売を開始しており、四割程が買われていた。改暦は庶民にとっては正に寝耳に水であった。改暦の準備は政府の最高幹部と担当者の間で極秘裏に進められていたから、庶民だけではなく政府部内でも詳細については明らかにされていなかった。

五年十一月五日付で陸軍省は「暦法ノ義ニ付市川兵学中教授ヨリ別紙ノ通致建言候処当節右暦法御改正御取調中ニモ有之候間御参考為差出申候此段申進候也」という文書を付けて市川斎宮の改暦案を太政官に上申している。この時点にはグレゴリオ暦によって明治六年暦の編纂《へんさん》が進められている段階に来ており、市川案のような東洋独自の太陽暦に対する検討などは問題外となっていた。陸軍省ではそこまでの経過を知らされていなかったのである。

改暦のニュースを最も早く民衆に知らせたのは大都市で発展しつつあった新聞であった。改暦を報道した「東京日々新聞」の第二百三十二号は、十一月十日と十一日の両日に一万部以上が売れ、十二日には再版して十五日までに二万五千部以上を販売した。これはたかだか数千部という当時の発行部数を大幅に越えた数字である。名古屋では「愛知新聞」が十一月十日号を改暦の「公聞」に当てており、これも相当部数が販売されたようである。

これに比して、公式のルートでの伝達は多少遅れていた。中央からの遠近の差があるので一概にはいえないが、大体十一月十三、四日頃から府県の布達が管内に伝達され始め、それから両三日の間に各町村に周知されたものと思われる。したがって、地方の民衆は十一月も半ばをすぎてから半月後にせまった改暦を知らされたことになる。

改暦のニュースはそれでも年内に伝えられたわけであるが、太陽暦による明治六年暦は年を越してから手にした地方が少なくなかったと記録されている。政府は新暦の普及を早急に行わなければならないため、頒暦商社との契約を無視して、明治六年暦にかぎり何人にも雛形《ひながた》通りの太陽暦を製造頒布することを認める旨を公告した。これは応急の対策としては当を得たものであったから、各地で続々と太陽暦による頒暦が出版された。

この頃の我国の出版事情は、そのほとんどが木版印刷で、これまでの頒暦もそうであったし官公報類もまた版木刷りであった。各地出版の明治六年暦もまた版木刷りが大半であったが、稀《まれ》に洋紙に活版で印刷したものがある。

この頃の新聞には政府の性急な改暦断行に批判の意をこめて「庶民の声」として改暦に戸惑う有様を報じた記事が掲載されている。その二、三を拾ってみよう。

「築地区の浴谷《ゆや》にて、八十余の老媼浴ながらのはなしに、今年はマア怪かる年にて御門跡様があけて許多の年数かかせし事なき御講もなく、師走の三日に正月が来るとやらいふ、かかる事は此年におよびぬれども是まで一度も出合し事なしといひて歎くを、傍より賤業体の者、さればよ昨日はしはすの朔日にて、あすは天朝の一月一日ぢやといふ、然れば二日の一月に三十日のはたらきせねばならぬ訳ぢやが、とても及ばねば、我らにはやはり徳川の正月がいいと、喋々かたるを或人聞て、

よまぬとしか、んとしらばあきめくらあきらけき代をやみになしつ、」(『日要新聞』明治六年一月)

「陸中国郡山山本某より来報に、青森県下は先般改暦の令あると雖も、民間旧暦に依る者多く、一月一日を祝する者僅に百分の一のみなり」（『郵便報知』明治六年二月一日）

「東海道処々ニテノ咄シニハ、専ラ又昔ノ太陰暦ニ返ルト云ヘリ。或ハ某県ハ已ニ其布令アリシト云ヒ、或ハ伊勢大神宮ノ神託アリシ抔評判セリ。大抵ミナ太陰暦トハ云ハズシテ徳川暦ト唱ヘリ。三州ヨリ道連ニ成リシ者咄ノ序ニ云ヘリ、東京ノ親類ノ所ニ行キテ云々ノ用ヲ達シテ、又国ニ帰リテ年ヲ取ルト、某日数ナキヲ以テ是ヲ問詰レバ、是モ又徳川ノ正月ヲ云ナリト答フ」（『東京日々新聞』明治七年一月六日）

またこの頃各地でさまざまな新政策・新制度に反撥《はんぱつ》した騒動が起きているが、それらのなかには「太陽暦御廃止」を要求項目の一つに加えているものがある。庶民はやはり徳川の暦に愛着を感じていたのである。ほとんど何の説明もなく唐突に太陽暦を強制した政府はこの点にあまりに無策であった。庶民の無言の抵抗は旧暦墨守という形でその後も長い間継続されるのである。

太陽暦の啓蒙《けいもう》宣伝は明六社に結集した啓蒙家などによって行われた。その最も著名な人物が福沢諭吉《ふくざわゆきち》である。

福沢は改暦の報を聞いた時、風邪《かぜ》を引いて床にあったそうであるが、直ちに筆を執ってわずか数時間のうちに脱稿したのが『改暦弁』である。この本は片々たる小冊子であるが、記述が平易であること、出版が早かったことなどによってたちまち版を重ねて二十数万部も売れたという。小冊子のため安価であることも幸いしたといえよう。なかには五百部を一括購入して管内に配布した浜松県のような県庁もあった。あまりの好評で偽版が出現したほどである。

もし福沢が短時間で書き上げたということが本当だとすれば、このことあるを察してよほど前から充分案を練っていたものと思われる。『改暦弁』に相前後して幾種類もの太陽暦啓蒙書が出版されたが、平易簡明である点ではいずれもこの書の比ではない。たとえば、太陽と地球の関係を行燈《あんどん》のまわりを廻るこまに例えている。自転と公転の関係をこのような身近なものをもって説明しているのを見ると心憎いほどである。また、旧暦と新暦を銭勘定に例えて、「あらまし三百六十五文払ふべき借金を毎月二十九文五分づゝ納口にて十二箇月払へば一年に凡十一文づゝの不足あり、十一文づゝ三年半余りにも滞らば大抵三十文計りの引負となるべし。閏月は即ちこの三十文の引負を一月にまとめて払ふことと知るべし」と説明している。

また新旧両暦の得失を、旧暦では「一年と定めたる奉公人の給金は十二箇月の間にも十両、十三箇月の間にも十両なれば一箇月はただ奉公するかただ給金を払ふの何れにも一方の損」であるのに対し、新暦では「毎年の日数同様なるゆゑ一年と定めて約条したる事は丁度一年の日数にて閏月の為に一箇月の損徳あることなし」と述べている。まことに明解で誰にでも理解できる文章である。

この小冊子は太陽暦と太陰暦との弁別を主とし、それに「ウヰキの日の名」（週日、日・英両語）、「一年の月の名」（月名、日・英両語）と「時計の見様」及び「時計の図」が付記してあり、啓蒙家福沢の面目躍如たる内容である。

この時期に出版された太陽暦の啓蒙書には天文学的説明を主としたもの、農業との関連を教えたものの他に、新暦による手紙の文例を示した手習の本、俳句の季題などさまざまであり、暦と国民生活のふれ合いの広さと深さとを考えさせられる。

各種暦制の変革

改暦の詔書が出されてから六日後の十一月十五日には「神武天皇御即位紀元」つまり皇紀が制定された。これは前述のように津田真道の建議が活かされたもので、西暦前六六〇年を紀元とするものである。

津田の主張は年号を廃止して皇紀のみを紀年法として用いよということであった。その影響をうけて、政府の諮問機関である左院は皇紀一本化の際の具体策を検討し、政府に上申しようとしていたが、政府は先手を打って年号と皇紀の併用を前提とした使用規定を下問した。この結果左院は年号廃止による一本化を諦《あきら》めて、国書・条約・詔書以下私用に至るまでの使用例を検討して答申した。

それによって、皇紀と年号とを併記したものを最も正式の文書に使用し、略式私的なものにのみ年号の単独使用もしくは、月日のみの記載でよしとした。皇紀は民間ではほとんど使用されることはなかったが、太陽暦の閏年は皇紀を四で整除される年ということで、今日に至るまでも用いられている。それは現行暦がグレゴリオ暦を採用しながら、グレゴリオ暦の置閏法に不可欠な西暦そのものを公認していないためである。なお、明治三十三年(一九〇〇)には閏を省略することになるので、前々年明治三十一年に勅令をもって皇紀から六百六十を減じ、それが百で整除できる年を平年、ただし四百で整除できる年は閏年とすることを定めた。

この置閏法の規定は結局皇紀を西暦に換算することを意味するものであり、グレゴリオ暦の置閏法を守るために必要な処置であった。

皇紀は昭和十五年の二千六百年前後から国粋主義の高揚にともなって広く用いられ、さらに太平洋戦争中占領地の一部においては紀年法として貨幣や切手にも使用された。しかし敗戦後は事実上使用が停止されている。ただ暦法上は閏年の決定には依然として皇紀が用いられている。これは戦後もなお西暦が公認されていないためで、今日実際には年号以上に紀年法として西暦が広く用いられている実情からはちょっと考えられないことではあるが事実なのである。

このように明治五年に制定された皇紀は今日まで法制上は我国唯一の長期紀年法として生きながらえている。

改暦にともなって時刻法が改正され、皇紀が制定されたが、同時に祝祭日についても大きな変革がもたらされた。

これまでの祝祭日は五節句（人日、上巳・端午・七夕・重陽）の他は階級や地域によって共通のものはあまり多くなかった。つまり皇室公家と幕府武家、武士と町人・農民ではそれぞれ違った祝祭日を守っていた。このような状況は封建分裂国家にとっては当然のことであったが、天皇親政を旗じるしとして成立した中央集権の新政府の誕生にともなって、国家的祝祭日の設定と全体的な統一が計られた。

すでに明治天皇の誕生日は九月二十一日に天長節として祝われていたが、六年一月四日の太政官布告によって、五節句を廃止して神武天皇御即位日とともに国の祝日と定めた。つまり建国の記念日として最初の天皇の即位日と今上天皇の誕生日という皇室の祝日を即国家の祝日としたのである。

もっとも、このような発想は我国独自のものではなく、当時我国と外交関係のあった欧米諸国の大半が建国乃至独立記念日と元首の誕生日をナショナル・ホリデーとして祝っており、外国公館や居留民の間で盛大な祝典が催されていたことが直接影響を与えたものと考えられる。欧米諸国の場合はこのような政治的祝日の他にクリスマスや復活祭などのキリスト教の祝祭日が加わるわけであるが、我国では皇室で行われた神道的祭日がこれに替えて国家的祭日となったのである。

ここで問題なのは神武天皇御即位日である。『日本書紀』によれば辛酉年の正月朔日に即位したことになっており、この日付が太陰太陽暦によるものであるところから、最初の神武天皇御即位日は明治六年の旧暦正月元日に祝うこととした。この結果この祝日は毎年移動することとなるだけでなく、せっかく太陽暦に切り換えたのに旧正月を国家の祝日とすることになってしまう。

事実明治六年一月二十九日には旧正月を公然と休日として祝うことになり政府要人を愕《がく》然《ぜん》とさせたのである。

そこで同年三月七日にこの祝日の名称を紀元節と改め、七月には神武即位の年の正月朔日をグレゴリオ暦に換算した二月十一日に固定することとしたのである。これが戦前に三大節(昭和時代には明治節を加えて四大節)の一つとして重視された紀元節の誕生である。

西暦前六六〇年正月朔日をユリウス暦日に換算し、それをグレゴリオ暦日に修正したものが二月十一日である。計算そのものは正しいが、勿論《もちろん》その頃にはグレゴリオ暦もユリウス暦も存在しない。西暦前六六〇年二月十一日は朔《さく》であったとしても、グレゴリオ暦では毎年二月十一日が朔でないことはいうまでもない。朔にこだわるとすると旧正月元日を紀元節とせざるを得ないわけで、歴史的記念日を現行暦に換算する場合どちらか一方を犠牲にせざるをえない。

神武天皇の実在が信じられていた明治初年ならばいざ知らず、歴史的に実在したことが疑問視され、少なくとも『日本書紀』に記述されている年代には日本の建国とか初代天皇の存在がありえないとされている今日にこの日を「建国記念の日」として改めて国民の祝日に加えたことは後世の失笑をかうであろう。

しかも紀元節は明治憲法制定の日（明治二十二年）として、日露戦争宣戦布告の日（明治三十七年）として、あるいはシンガポール総攻撃予定の日（昭和十七年）として、それぞれ戦前の大日本帝国にとっては意義深い日であった。

明治政府は天長節・紀元節を制定した後、次第に祝祭日を整備して明治中期にはほぼ戦前の姿が出来あがった。

明治六年十月十四日太政官布告第三百四十四号による「年中祭日祝日等の休暇日」

元始祭　一月三日
新年宴会　一月五日
孝明天皇祭　一月三十日
紀元節　二月十一日

神武天皇祭　四月三日
神嘗祭　九月十七日
天長節　十一月三日
新嘗祭　十一月二十三日

なお明治十一年に春季皇霊祭（春分日）と秋季皇霊祭（秋分日）が追加された。

これを見て理解されることはいずれも皇室もしくは皇室の祭祀と関係のあるもので、古くからの国民生活にも直接係わりのあるのは新嘗祭《にいなめさい》ぐらいなものである。

このうち春秋の皇霊祭はちょうど彼岸の中日に当っているが、もともとは神道とは関連のないもので、明治改暦に当って歴代の天皇や主要な皇族の忌日をすべて太陽暦に換算して祭祀《さいし》を行うとともに官暦に記載したが、あまりに煩瑣《はんさ》であったために、年二回にまとめて春秋の皇霊祭としたものである。したがってどちらかといえば国民の仏教行事に対抗した性格をもっている。

なお天長節と先帝祭は当然新帝の践祚《せんそ》によって変更される。大正元年に天長節は八月三十日に改められたが酷暑の季節であるため別に十月三十日が天長節祝日として新設された。さらに明治天皇崩御の七月三十日が先帝祭となった。昭和になると四月二十九日が天長節となるとともに十二月二十五日が大正天皇祭となり、十一月三日が明治節として新しく設けられた。

太平洋戦争の後、新憲法の制定にともない、これまで勅令によって定められていた祝祭日は法律によって「国民の祝日」となった。

元日　一月一日（四方拝）
成人の日　一月十五日
春分の日　三月二十一日（春季皇霊祭）
天皇誕生日　四月二十九日（天長節）
憲法記念日　五月三日
こどもの日　五月五日
秋分の日　九月二十三日（秋季皇霊祭）
文化の日　十一月三日（明治節）
勤労感謝の日　十一月二十三日（新嘗祭）

右の九祝日のうち、元日、春分・秋分の日、天皇誕生日、文化の日及び勤労感謝の日の六日が従来の祝祭日をそのまま乃至は意味を変えて継承しており、新規のものは成人の日、憲法記念日、こどもの日の三日だけである。成人の日は旧小正月、こどもの日は端午の節句で、まったくの新設は憲法記念日のみとなる。この日は新憲法の施行日で通常この種の記念日は公布の日を採《と》るのだが、それが旧明治節で新しく文化の日と定められたところから五月三日となったものである。

このように戦前の祝祭日が国民の祝日の大半を占めたことは、旧祝祭日が数十年の間に国民生活のなかに定着していたからである。「国民の祝日に関する法律」が議員立法として上提されるに先立って、広汎《こうはん》な世論調査が行われたが、その回答には紀元節、盆、クリスマス及び八月十五日の終戦記念日を平和の日として設置することを希望するものが多かった。

このうち盆とクリスマスは宗教的行事であること、紀元節は国家主義・軍国主義的であるとして占領軍の承認を得られなかったし、八月十五日はまだあまりにもなまなましい敗戦の苦悩を拭いきれない時であったので実現しなかった。

昭和四十一年、敬老の日や体育の日などと抱き合わせで建国記念の日が制定された。それが二月十一日であることは紀元節の復活であることに疑う余地がない。その可否は別として、明治改暦とともに出現した天長節や紀元節が近現代の日本の歩みとともに今日まで至っていることは興味深いことである。

同年祝日が日曜日と重ったときは、その翌月曜日を振替休日とするようになり、国民の祝日と国民の祝日にはさまれた平日を休日とする「サンドウィッチ休日」にすることとなった。

平成元年には昭和天皇から平成の天皇への代替りにともなって、天皇誕生日は十二月二十三日となり、これまでの天皇誕生日（四月二十九日）は新設のみどりの日となった。平成七年には、あまり世人の関心も持たれないうちに海の日（七月二十日）が追加され、国民の祝日イコール休日という受け止め方が強まり、「祝日（休日）を増やせば景気が良くなる」という安易な発想から、平成十二年には成人の日、体育の日が、海の日、敬老の日は平成十五年からそれぞれ月曜日に変更され連休となった。

さらに、平成十九年にはみどりの日を昭和の日とし、みどりの日は五月四日に移すとともに、憲法記念日・みどりの日・こどもの日のうち、いずれかが日曜日に当る場合はこどもの日の翌日を休日とするという、いまや祝日本来の意義を忘れて何が何でも大型連休作りに精を出すこととなった。

そこで思い出されるのは、明治七年に文明開化の啓蒙のために小川為治の著した『開化問答』という作品の中で、時代の変化に反撥《はんぱつ》する旧平（弊）老が新しい天長節や紀元節という祝日に対する次の文句である。

「元来祝日は世間の人の祝ふ料簡が寄合ひて祝ふ日なれば、世間の人の祝ふ料簡もなき日を強て祝はしむるは最も無理なる事に心得升《ます》。」

十二章　お上の暦、民間の暦

「偽暦」禁止令

江戸時代には江戸暦や京暦のように一般書籍と同様に販売の許された売暦と伊勢暦に代表される大麻（おふだ）頒布の際に土産として配られる賦暦との区別は厳重であった。たとえば泉州暦などは賦暦として許されていたにもかかわらず売暦を行ったためについに禁止されてしまったほどである。

しかしながら、この制度は幕末維新の動乱によって混乱し、さらに伊勢神宮における御師の廃止などに見られるような社寺の制度上の変革などによって崩解してしまった。

この間に弘暦者以外の者による偽暦がはびこるようになったようで、明治三年に政府は次のような禁令を出しているほどである。

「頒暦授時之儀ハ至重之章典ニ候処、近来種々之類暦世上ニ流布候趣無謂《いわれなき》事ニ候、自今弘暦者之外取扱候儀一切厳禁被仰出候事」

明治三年十月に弘暦者の持場の分界が定められた。

勢州宇治弘暦者　佐藤正二
同　山田弘暦者　石丸弘人・瀬川磐雄・箕曲庸人・箕曲顕・西島中甫・飛鳥正圃・外二人
　伊勢半国・志摩・尾張・三河・遠江・美濃・飛驒・信濃・常陸・陸中・阿波・淡路・讃岐・伊予・土佐・肥前・豊後・日向・薩摩・大隅・壱岐・対馬・石見・美作・佐渡
西京弘暦者　降谷明晴
　山城半国・近江・越前・越後・丹波・丹後・但馬・因幡・伯耆・出雲
西京弘暦者　菊沢藤造
　山城半国・若狭・越中・加賀・能登
西京弘暦者　川合弥七郎
　羽前・羽後・周防・長門・蝦夷半国
西京弘暦者　中島利左衛門
　筑前・筑後・豊前・肥後・蝦夷半国
大阪弘暦者　松浦善右衛門
　摂津・河内・和泉・播磨・備前・備中・備後・安芸
三島弘暦者　河合龍節
　伊豆・相模・駿河・甲斐・安房

会津弘暦者　諏方大祝・外三人
岩城・岩代・陸奥・松前
勢州丹生弘暦者　加茂杉太夫
紀伊・伊勢半国・隠岐
南都弘暦者　山村左門・中尾主善・吉川辰治・外九人
伊賀・大和
東京弘暦者　福室長四郎・中村小兵衛・寺井新八・椙田徳兵衛・外二七人
武蔵・上総・下総・上野・下野・陸前・箱館

この分界は江戸時代の実績をもとにしたものだが、頒暦として全国的に普及していた伊勢暦が一定の地域に配分されるなど、新しい情勢に対応した修正が加えられている。大体西国は大阪頒暦商社を結成した伊勢・京などの商社員の持場となり、東国は東京頒暦商社に結集した東京・会津・三島などの商社員の持場となった。

両頒暦商社は文部省天文局から翌年暦の原本を渡され、その印刷製造と頒売を独占する権利を認められる代償として一万両（一万円）の冥加金を納入する取り決めであった。しかし、五年十一月に突如太陽暦への改暦が発表されたことにより、すでに発売していた翌六年暦が無用の屑紙《くずがみ》となったため、大量に売れ残りができ、そのために莫大《ばくだい》な損失を被ったのである。

頒暦商社の記録によれば、長暦上中下等及び大小本暦の製造部数二百七十万余部に対し残部は百七十五万千部、一枚摺略暦六通りの製造部数百七十万余枚に対し残部百二万八千枚で、その損害額は三万八千九百五十九円に達している。頒暦商社に対して政府は改暦を事前に知らせなかったから、改暦はまさに青天の霹靂《へきれき》であった。改暦発表もどういうわけか各地の商社員への連絡が遅れている。京都の商社員菊沢藤蔵はまず大阪の商社員松浦から巷間《こうかん》の噂《うわさ》として改暦のことを十一月十四日に知らされている。始めはデマだと思っているが、そのうち東京の頒暦商社からの通知や京都での公報によって事実と知るのである。

その後、頒暦商社は「日新真事誌」で出版した太陽暦による明治六年暦の翻刻を願い出るが、その許可がなかなか得られないため、新暦の出版の時期を失ってしまうのである。政府は太陽暦の早速な普及を計るために明治六年暦の出願を政府作製の雛形通りに印刷するという条件で誰にでも認めたが、このことは同年春に頒暦商社と交換した約条にもとるものであることはいうまでもない。そしてこのことが頒暦商社に莫大な損害を与えることとなった。

永年の実績によって全国的に頒暦の販売網を掌握している頒暦商社とタイアップした方が新暦の普及にも効果的であったと考えられるから、改暦に当って商社に対する意図的ともいえるつれない態度には何かおもわくがあったのではあるまいか。政府部内に江戸時代以来の株仲間の延長ともいえる頒暦商社から暦の独占権を奪って一挙に自由販売にもって行こうという考え方があったのかも知れない。

しかしながら、現実の問題として数百万部にのぼる頒暦を正確確実に一定期日までに印刷製造し津々浦々にまで頒布することのできるのは頒暦商社をおいて他には存在しなかった。

頒暦商社

頒暦の用紙や製品の運送の能力からいっても、また版木に彫って手摺《てずり》をする手間からいっても、まだ一か所で集中的に製造することは不可能であったし、その上前時代からの巻暦・折暦・綴暦・略暦という民衆の頒暦の体裁や価格に対する嗜好という問題があり、やはり従前通り各地の商社員がその地域の伝統的体裁の頒暦を製造する必要があった。

このような実情のもとでは商社の哀願を拒否することはできなかった。だから、政府はまず向う三年間の専売権を冥加金を免除した上で許可し、ついでさらに五年間延長した。かくして明治十四年にはついに再度の延長期間も切れたので、翌十五年暦からのことが問題となった。ところがなかなか結論を得られず、このままでは十五年暦の製造に間に合わなくなるというので、改組した頒暦林組に十五年暦の製造頒布を委ねることになった。

この間頒暦を担当していた内務省は十五年暦から本暦原本を府県庁に渡して、府県に頒暦を行わせる考えを持っていたようであるし、伊勢神宮司庁は全国の頒暦を独占する希望を持っていた。

神宮司庁は明治十三年八月十七日付で次の伺書を内務省に提出した。

「本暦之儀ハ往古朝廷ヨリ御頒行ニ相成正朔授時ハ国家ノ正典ニ立サセラレ候処中古ニ至リ其儀行ハレスト雖猶皇大神宮旧師職大麻ト共ニ頒布スル所ヲ伊勢暦ト号シ往古朝廷ノ頒暦ノ如ク感戴致候習慣ニ候処師職廃止以来頒暦モ従テ中絶ニ相成人民大ニ失望致シ辺陬遐村ニ致テハ売暦ヲ得ルニ由ナク為ニ施穀ノ不便ヲ致候由ニ付去ル十一年ヨリ神宮大麻ニ添暦致シ相試候処大ニ人民企望ニ属シ暦数年年増加ニ相成候且太陽暦ハ皇霊御祭日官社祭日等掲載有之神道布教上ノ関係不鮮且大陽主宰タル　天照皇大神宮ノ下ヨリ頒布相成候ヘハ朝廷正朔授時盛意ト妙合シ辺陬僻邑ニモ偏ク行届民治ノ裨補聖徳光被ノ一班ニモ可相成ト存候ニ付来ル十五年以後頒暦ノ儀ハ神宮司庁ヘ悉皆御委任相成度此段懇願仕候也」

この伺書は伊勢暦以来の頒暦と神宮の係わりをよく物語っており、神宮の頒暦に対する積極的姿勢を示している。

これに対し内務省は内務卿松方正義《まつかたまさよし》の署名をもって約二か月後の十月四日に「書面願ノ趣難及詮議候事」とニべもない拒否の回答を寄せている。

右伺書にもあるように明治二年の御師（師職）廃止の前後には頒暦が円滑に行われなか

った時期があったようであるが、明治五年には明六年暦から大麻頒布の際「拝請人ノ内特別信仰之者へハ年々略暦本暦相添授与」を取り計りたい旨神宮司庁から内務卿へ届けが出されている。この略暦本暦は頒暦商社から購入するものである。

従来の伊勢暦の暦師達は頒暦商社の主要メンバーとなっていたから、商社から購入して大麻と一緒に配布する方法は名目が変っても江戸時代以来の頒暦の仕方と大差ないものであった。少くとも配布を受ける民衆の側には同じに見えたであろう。皮肉にもこの年末には改暦があって、神宮司庁の暦頒布にも大きな影響をおよぼしたことと思われる。

神宮司庁が頒暦に対して積極的態度を示し始めるのは明治十二年暦からで、この年の略本暦から一般の頒暦に記載されている以外の神宮の大祭日（神宮大祭班幣日）を記載したものを内務省の承認を得て商社に特別製造させている。

十三年暦からは神宮頒布のものに限り、それまでの「最上等暦」「上等暦」などと呼んでいたものを「金帖略本暦」「黒帖略本暦」などと改称し、暦の付録として「神皇正系及神社一覧」を刊行した。さらに翌年には「紫帖略本暦」「無帖略本暦」の二種を追加している。

頒暦事業の帰属について内務省は明治十五年三月二十八日に伺を政府に提出した。それによれば、明年以後「相当の頒暦者定メ候歟若ハ一般翻刻自由発売差許ノ二途」のうち自由発売の場合は多数の弘暦者によって競争紛擾が生じ、地域的な過不足や杜撰《ずさん》誤謬《ごびゅう》の発生が心配されるのに対し、もし伊勢神宮に一任すれば伊勢暦以来の実績と神宮に対する上下の崇敬によって円満に解決されるであろう。なお一枚摺略暦は自由発売を認め、航海測量など高等の暦は別に特許することにしたいというのである。

この伺について政府の諮問を受けて参事院は四月十八日付で右内務省案を妥当と答申した。

この結果、四月二十六日に太政官達第八号が布達された。

「本暦幷略本暦ハ明治十六年暦ヨリ伊勢神宮ニ於テ頒布セシムヘシ
　一枚摺略暦ハ明治十六年暦ヨリ何人ニ限ラス出版条例ニ準拠シ出版スルコトヲ得
　但明治九年内務省甲第三拾九号布達ハ取消ス
　右布達候事」

(明治九年内務省甲第三拾九号布達とは頒暦印紙を定めたもので、これについては後述する)

内務省からは別に神宮司庁に明治十六年暦から本暦と略本暦の発行を一任することとその製造を林組に委託することが通達された。そこで神宮司庁は「頒暦製委託条款」を定め林組と仮約定を結んだ。

右の委託条款には

「第一条　明治十六年暦ヨリ以往頒暦製造委託候事

第二条　前条委托候ニ付テハ頒暦幷製造ノ方法相立本庁伺済ノ上全国ニ無遺漏頒暦行届候様可致事

第五条　本暦略本暦等ノ員数及偽造調査ノ為頒暦印紙ヲ貼用可致事

第六条　頒暦印紙ハ本庁ヨリ可渡候条前以テ見込員数ヲ具申シ製造費ヲ支弁シ可受取事

第八条　前顕ノ通委托スルニ付テハ冥加トシテ毎年三月三十日迄ニ金三千五百円十月十五日迄に官納暦員数悉皆可相納事」

と定められており、林組は頒暦の製造だけでなく、その頒布をも委託されている。これはそれまで神宮司庁自身で全国的に暦頒布の実績がなく、旧頒暦商社林組に委託せざるをえなかったからである。

　また頒暦印紙の条項は、後に林組との契約を解除する原因になったもので、すでに頒暦商社時代の明治十年暦から内務省布達にもとづき頒暦印紙を頒暦に添付することになっていた。頒暦印紙は「頒暦証」と記された印紙であって、それまで頒暦に文部省において文部省暦局印をいちいち捺していたものに代え印紙を貼《は》ることにしたものである。編暦頒暦の事務が内務省に移管された後、偽暦の防止と員数確認を目的として大蔵省印刷局製造の頒暦印紙が使用されることになった。通常の印紙と違って国庫への収入を目的としたものではないから印紙というよりも証紙という方が正しい。

頒暦印紙には大型と小型の二種があり、大型のものは本暦・略本暦に用いられ、小型のものは一枚刷の略暦に添付された。

頒暦が神宮司庁に委ねられるとともに頒暦印紙は一たん廃止されたが、神宮司庁は新規のデザインによる頒暦印紙を製造して本暦・略本暦に使用することとなった。

神宮司庁の独占へ

委託条款第六条にあるように神宮司庁が印刷局に発注、受け取ったものを林組に渡すことになっていた。話は後になるが明治十七年に林組が直接印刷局に頒暦印紙を発注したことが契機となって、内務省から神宮司庁に対し林組との委託契約を解消するよう命令があって、神宮司庁と林組との関係はわずか二か年で突然断ち切られてしまった。

その問題はさておき、最初の神宮司庁による頒暦である明治十六年暦は次のようにさまざまな体裁のものが製造された。

本　暦	七銭
略本暦	四銭
同上等製	四銭四厘
金帖暦	二五銭
紫帖暦	四銭八厘

黒帖暦　三銭
無帖暦　二銭
黒帖略中暦　一銭三厘
黒帖略小暦　九厘
大石摺暦　二銭
小石摺暦　八厘
大略暦　五厘
小略暦　三厘
月頭暦　七厘
軽便暦　三厘
大写真暦　二銭三厘
小写真暦　一銭三厘

合計十七種という多種類のものが製造されたのは驚くべきことであるが、その理由は神宮司庁と林組が頒暦の普及を計るために従来各地で作られていた伝統的な形態のものを積極的に採用したためで、本暦・略本暦は綴暦、金帖暦以下の紫帖・黒帖のものは伊勢暦の様式による折暦、月頭暦は金沢で刊行された一枚刷の略暦である。また石摺暦《いしずり》は南都暦などでみられた文字を白抜きにしたものである。

このような伝統的様式を採り入れる反面、当時としてはモダンな写真を利用した写真暦が大小二種作られている。この写真暦に象徴されるようにきわめて意欲的な姿勢がうかがえるが、一面雑多すぎる感じが避けられない。大小石摺暦以下の一枚摺の略暦類は出版条例に準拠して何人でも自由に出版できることになったもので、本暦・略本暦の刊行だけが本来神宮司庁に委せられた任務であって、略暦類の出版は余分の仕事である。

内務省はこのことを充分把握しており、神宮司庁に対し略暦類の出版については通常の手続きをふませて許可している。略暦類の発行については販売実績の増大を望んだ林組の意向が強かったもののようで、林組との契約を解除した後大半が廃止されている。

明治十八年暦については神宮司庁で直接製造する体制が備わっていなかったため、入札によって外注の業者を選定したが、十九年暦からは神宮司庁直営によって製造されるようになり、また頒布は神宮大教院を通じて行われることになった。

その後編暦は東京大学（付属東京天文台）に、頒布は神宮奉斎会、神宮神部署支署、全国神職会、大日本神祇会に逐次委託された。

本暦・略本暦は我国における唯一の官暦として篤《あつ》く保護され、類似の印刷物の製造は偽暦として禁止された。その後も「暦」の文字は神宮司庁発行のもの以外には使用できなかった。

本暦・略本暦は国家公認の暦としての権威と、内容の正確さに対する信頼と、伊勢神宮に対する崇敬とによって広く普及したが、江戸時代における頒暦の総計には及ばなかった。その概数は明治末年以来昭和十五年頃までは百八十万―百九十万部を上下し、出版統制と国粋主義の絶頂に達した昭和十八年には四百九十八万二千百八十二部に達した。神宮司庁で本暦・略本暦を頒布した最初の頃には、地方官庁で頒布式を行ってから官吏が直接これに関与する場合もあったようで、政教一致による国家の保護があった。神宮においても大麻と同じ取り扱いをしたから、単なる暦以上の鄭重《ていちょう》さをもって迎えられた。

「本暦・略本暦」の終焉と戦後

昭和二十年の敗戦後、国家と宗教の分離が占領軍によって命令されて、国家の暦としての本暦・略本暦の時代は昭和二十一年暦をもって終焉《しゅうえん》をとげ、暦は一般の出版物と同じく自由に出版販売されることとなった。伊勢神宮ではそのため「神宮暦」として大暦及び小暦(一時期は一枚摺略暦も)を刊行することになって今日に至っている。

神宮暦時代になっても国暦時代の伝統に従い一切迷信的暦註を排除して、科学的内容と神祇《じんぎ》関係の記事のみを掲載している。その発行部数は急激に減少して十万台を上下するようになった。ようやく近年小暦に旧暦と六曜が記載されるようになった。

神宮暦の減少の理由としては、国家による保護が無くなったこと、信仰の自由による伊勢神宮に対する崇敬の精神の低下、暦類が自由に出版できるようになったことなど、さまざまな点が考えられるが、その最大なものは神宮暦に迷信暦註が記載されていないことと、頒布方法が閉鎖的で入手が困難なためである。

すでに述べたように明治六年に太陽暦が採用されて以来、改暦の詔書に基づいて公の暦には一切迷信暦註を掲載しないことになった。そのうえ明治末年以来それまで併記されていた旧暦が削除され、単に月齢が記載されるのみになったから、旧暦によっている民衆に大きな不便を生じさせた。このことは当時の民衆の日常生活の実態を全く無視したものであったから、当然国暦の普及を停滞させることとなった。

民衆の旧暦と暦註とに対する切なる欲求を満足させたのが民間で秘密裏に発行された偽暦である。これらの偽暦は官憲の目を逃れるために発行人・発行所を次々に変更し、販売人は神出鬼没に出現したところから「おばけ」と俗称されるようになった。

「おばけ」には新暦・旧暦は勿論《もちろん》江戸時代以来の迷信暦註が掲載されている。そして、始めて六曜や三隣亡が登場してくる。またなかには九星を掲載したものがある。この三種の迷信暦註はこれまでの頒暦には一度も記載されたことのないものである。このうち六曜や三隣亡は江戸時代後半の雑書や三世相などと呼ばれる各種の暦占の解説にも登場してくるものだが、九星はあまり暦とは関係ないものである。

九星は五惑星と結び付けられ、次の順で循環する。

一白水星

二黒土星
三碧木星
四緑木星
五黄土星
六白金星
七赤金星
八白土星
九紫火星

九星は年・月・日に配当されるが、一白水星、二黒土星……の順で循環する陽遁から始まる時期と、九紫火星、八白土星……の順で逆に進む陰遁からの時期があり、流派によってその開始の時期が相違する。暦日に配当される場合は夏至《げし》に近い甲子《きのえね》の日を陰遁、冬至《とうじ》に近い甲子の日を陽遁とする。ただし、夏至や冬至が六十干支のちょうど中間に来た場合には前の甲子を採《と》るか後の甲子を採るか必ずしも一致していない。

また一年の日数は六十の倍数ではないため毎年五日乃至《ないし》六日余りが残り、十二年弱でちょうど干支一循分だけに累積する。この六十日分の消除の方法も流派によって相違する。

このように九星には不明瞭《ふめいりょう》な点が多いが、これがかえって神秘性を高めているためか、次第に「おばけ」に掲載され始めるようになった。

とにかく「おばけ」の存在は本暦・略本暦の売れ行きに影響を及ぼすほど流行した。明治以後本暦の発行部数があまり増加しなかったのはそのためであったと思われるが、考えようによっては両者は皮肉なことに相互補完的関係にあったといえよう。つまり、内容の科学的な正確さは本暦・略本暦により、それに記載されない迷信的暦註及び旧暦の日付は「おばけ」に頼ったということである。

「おばけ」は官憲の圧迫にもかかわらず生き続けた。なかには前科四十何犯という版元があったほどである。この人物は検挙され罰金を課せられると、その罰金を支払うためにまた「おばけ」を製造し、それによってまた罰金を課せられ、またそのために「おばけ」を作るという悪循環を繰り返したために、このような記録を作ることになったのだと伝えられているが、同時に「おばけ」の需要がそれだけ大きかったことを物語っている。「おばけ」は表題に「暦」の文字を使用しない、また頒暦印紙に似せたデザインの印紙風の小紙片を添付したものがある。これらは取締当局の目をごまかすもので、また暦日を一日おきに記して「偽暦」でないことを強調したものもある。

日中戦争の開始以来戦意高揚のために迷信暦註や旧暦は支障があるとされ、「おばけ」の追及がより厳重となった。一般的に出版物の統制が強化され、用紙の配給制が実施されたことによって「おばけ」の息の根が止められたために、本暦・略本暦を購入せざるを得なくなったたし、伊勢神宮の暦を受けなければならないという精神的な圧力が加えられた。

このために、昭和十六年には二百万部を突破し、翌年には三百万部、翌々十八年には五百万部弱に達したのである。

明治十六年暦以後、事実上発行自由となった一枚摺略暦は、商店などの広告を入れた広告付略暦つまり引札《ひきふだ》暦として、多色刷りで華麗なものが世人の人気を博し、今日のカレンダーの原型となった。

明治26年　略暦

あとがき

一九八二年、昭和五十七年は現在我々が使用しているグレゴリオ暦が制定されてから、ちょうど四百年に当っている。また筆者が暦に関心を持つようになってから三十年になる。この記念すべき年に本書を上梓することになったのはまことに慶《よろこば》しいことである。

本書はご覧のように年代順に章を立てており、通読していただければほぼ日本における暦の変遷をご理解いただけるものと思う。しかし、『暦ものがたり』という題名のように、日本の暦の通史ではないから、どの章から読んでもらっても良いように筆を進めたつもりである。そのために、少々くどくどしい説明になっている部分もあるが、そういう主旨によるものとご了承いただきたい。

暦に対する日本人の他に例を見ないような深い愛着というものが、少しでもお分りいただければ筆者の喜びとするところである。

一九八二年晩秋　　著者

文庫版あとがき

本書は昭和五七年（一九八二）に『角川選書』の一冊として発行されたものに、その後発見されたものなど、多少の加筆訂正を行ったものである。

三十年前は、グレゴリオ暦改暦四百年の節目の年でもあり、少々気負って筆を進めたためか、やや硬い文章になっている部分もある。

この三十年の間に、世人の暦、ことに旧暦に対する関心が高まった。その結果、旧暦の解説書や旧暦で暮らすことの利点を説いた図書が幾冊も発行されるようになった。

この間、世人が暦について興味を湧かせる話題が次々に現れた。それは人類の終末の予言にまつわるもので、いわゆる「ノストラダムス」であり、ついで「マヤ暦」で、これらの予言の日付は外れては更新し、また外れては更新を繰り返している。

そうこうしているうちに、「西暦二〇三三年（平成四五年）問題」という、やや厄介な問題が起きた。それは、いま日本で旧暦として用いられている「天保暦もどき」の太陰太陽暦では、西暦二〇三三年になると、閏月になるべき月の候補が複数出現する、という問題である。このままでは、市販の暦の旧暦の日付に混乱が生じるというわけである。

この問題が解決していないうちに、冲方丁《うぶかたとう》さんの『天地明察』という小説が彗星のごとく出現し、世間の注目を集め、映画化もされることになった。

貞享改暦に関係した作品には、本書で紹介したように西鶴《さいかく》や近松《ちかまつ》の名作があり、近年では北原亞以子《きたはらあいこ》さんの『誘惑』がある。しかし、春海の暦法研究の努力、暦法の仕組や、改暦のプロセスなど、貞享改暦の経過全般を主題としたのは『天地明察』が初めてである。

とにかく、『天地明察』が「暦ブーム」「天文ブーム」を引き起しかけた矢先に、何十年に一回という金環日食が日本列島を縦断した。地上にろくなことがないことの反動で、天上世界に関心が集まったのであろうか。

それやこれやが、本書の文庫本化の後押しをしてくれたのであろう。この硬い本が二十一世紀の読者に馴染んでいただけるかどうか、心細い思いを抱いてこの「あとがき」を綴っている。

本書の文庫本化にあたっては、角川学芸出版のみなさんにひとかたならぬお世話になった。ここに感謝の意を表する次第である。

二〇一二年半夏生

本書は、一九八二年刊行の『暦ものがたり』（角川選書）に加筆訂正の上文庫化したものです。

暦《こよみ》ものがたり

岡田芳朗《おかだよしろう》

平成24年 8月25日 初版発行
令和6年 11月15日 7版発行

発行者●山下直久

発行●株式会社KADOKAWA
〒102-8177 東京都千代田区富士見2-13-3
電話 0570-002-301(ナビダイヤル)

角川文庫 17557

印刷所●株式会社KADOKAWA
製本所●株式会社KADOKAWA

表紙画●和田三造

ISBN978-4-04-406428-0 C0195

角川文庫発刊に際して

角川源義

第二次世界大戦の敗北は、軍事力の敗北であった以上に、私たちの若い文化力の敗退であった。私たちの文化が戦争に対して如何に無力であり、単なるあだ花に過ぎなかったかを、私たちは身を以て体験し痛感した。西洋近代文化の摂取にとって、明治以後八十年の歳月は決して短かすぎたとは言えない。にもかかわらず、近代文化の伝統を確立し、自由な批判と柔軟な良識に富む文化層として自らを形成することに私たちは失敗して来た。そしてこれは、各層への文化の普及滲透を任務とする出版人の責任でもあった。

一九四五年以来、私たちは再び振出しに戻り、第一歩から踏み出すことを余儀なくされた。これは大きな不幸ではあるが、反面、これまでの混沌・未熟・歪曲の中にあった我が国の文化に秩序と確たる基礎を齎らすためには絶好の機会でもある。角川書店は、このような祖国の文化的危機にあたり、微力をも顧みず再建の礎石たるべき抱負と決意とをもって出発したが、ここに創立以来の念願を果すべく角川文庫を発刊する。これまで刊行されたあらゆる全集叢書文庫類の長所と短所とを検討し、古今東西の不朽の典籍を、良心的編集のもとに、廉価に、そして書架にふさわしい美本として、多くのひとびとに提供しようとする。しかし私たちは徒らに百科全書的な知識のジレッタントを作ることを目的とせず、あくまで祖国の文化に秩序と再建への道を示し、この文庫を角川書店の栄ある事業として、今後永久に継続発展せしめ、学芸と教養との殿堂として大成せんことを期したい。多くの読書子の愛情ある忠言と支持とによって、この希望と抱負とを完遂せしめられんことを願う。

一九四九年五月三日

角川ソフィア文庫ベストセラー

古事記
ビギナーズ・クラシックス　日本の古典

編／角川書店

天皇家の系譜と王権の由来を記した、我が国最古の歴史書。国生み神話や倭建命の英雄譚ほか著名なシーンが、ふりがな付きの原文と現代語訳で味わえる。図版やコラムも豊富に収録。初心者にも最適な入門書。

蜻蛉日記
ビギナーズ・クラシックス　日本の古典

右大将道綱母
編／角川書店

美貌と和歌の才能に恵まれ、藤原兼家という出世街道まっしぐらな夫をもちながら、蜻蛉のようにはかない自らの身の上を嘆く、二一年間の記録。有名章段を味わいながら、真摯に生きた一女性の真情に迫る。

枕草子
ビギナーズ・クラシックス　日本の古典

清少納言
編／角川書店

一条天皇の中宮定子の後宮を中心とした華やかな宮廷生活の体験を生き生きと綴った王朝文学を代表する珠玉の随筆集から、有名章段をピックアップ。優れた感性と機知に富んだ文章が平易に味わえる一冊。

徒然草
ビギナーズ・クラシックス　日本の古典

吉田兼好
編／角川書店

日本の中世を代表する知の巨人・吉田兼好。その無常観とたゆみない求道精神に貫かれた名随筆集から、兼好の人となりや当時の人々のエピソードが味わえる代表的な章段を選び抜いた最良の徒然草入門。

おくのほそ道（全）
ビギナーズ・クラシックス　日本の古典

松尾芭蕉
編／角川書店

俳聖芭蕉の最も著名な紀行文、奥羽・北陸の旅日記を全文掲載。ふりがな付きの現代語訳と原文で朗読にも最適。コラムや地図・写真も豊富で携帯にも便利。風雅の誠を求める旅と昇華された俳句の世界への招待。

角川ソフィア文庫ベストセラー

角川ソフィア文庫ベストセラー

新版 古事記
現代語訳付き
訳注／中村啓信

天地創成から推古天皇につながる天皇家の系譜と王権の由来書。厳密な史料研究成果に拠る読み下し文、平易な現代語訳、漢字本文（原文）、便利な全歌謡各句索引と主要語句索引を完備した決定版！

新版 万葉集（一～四）
現代語訳付き
訳注／伊藤 博

古の人々は、どんな恋に身を焦がし、誰の死を悼み、そしてどんな植物や動物、自然現象に心を奪われたのか——。全四五〇〇余首を鑑賞に適した歌群ごとに分類。天皇から庶民にいたる万葉人の想いが今に蘇る！

新版 古今和歌集
現代語訳付き
訳注／高田祐彦

日本人の美意識を決定づけ、『源氏物語』などの文学や美術工芸ほか、日本文化全体に大きな影響を与えた最初の勅撰集。四季の歌、恋の歌を中心に一一〇〇首を整然と配列した構成は、後の世の規範となっている。

新版 落窪物語（上、下）
現代語訳付き
訳注／室城秀之

『源氏物語』に先立つ、笑いの要素が多い、継子いじめの長編物語。母の死後、継母にこき使われていた女君。その女君に深い愛情を抱くようになった少将道頼は、継母のもとから女君を救出し復讐を誓う——。

和泉式部日記
現代語訳付き
和泉式部
訳注／近藤みゆき

弾正宮為尊親王追慕に明け暮れる和泉式部へ、弟の帥宮敦道親王から手紙が届き、新たな恋が始まった。式部が宮邸に迎えられ、宮の正妻が宮邸を出るまでを一四〇首余りの歌とともに綴る、王朝女流日記の傑作。

角川ソフィア文庫ベストセラー

紫式部日記
現代語訳付き
紫式部
訳注／山本淳子

華麗な宮廷生活に溶け込めない複雑な心境、同僚女房やライバル清少納言への批判――。詳細な注、流麗な現代語訳、歴史的事実を押さえた解説で、『源氏物語』成立の背景を伝える日記のすべてがわかる！

新古今和歌集（上、下）
訳注／久保田淳

「春の夜の夢の浮橋とだえして峰に別るる横雲の空　藤原定家」「幾夜われ波にしをれて貴船川袖に玉散る物思ふらむ　藤原良経」など、優美で繊細な古典和歌の精華がぎっしり詰まった歌集を手軽に楽しむ決定版。

風姿花伝・三道
現代語訳付き
世阿弥
訳注／竹本幹夫

能の大成者・世阿弥が子のために書いた能楽論を、原文と脚注、現代語訳と評釈で読み解く。実践的な内容のみならず、幽玄の本質に迫る芸術論としての価値が高く、人生論としても秀逸。能作の書『三道』を併載。

正徹物語
現代語訳付き
正徹
訳注／小川剛生

連歌師心敬の師でもある正徹の聞き書き風の歌論書。自詠の解説、歌人に関する逸話、歌語の知識、幽玄論など内容は多岐にわたる。分かりやすく章段に分け、脚注・現代語訳・解説・索引を付した決定版。

芭蕉全句集
現代語訳付き
松尾芭蕉
訳注／雲英末雄・佐藤勝明

俳聖・芭蕉作と認定できる全発句九八三句を掲載。俳句の実作に役立つ季語別の配列が大きな特徴。一句一句に出典・訳文・年次・語釈・解説をほどこし、巻末付録には、人名・地名・底本の一覧と全句索引を付す。

角川ソフィア文庫ベストセラー

論語
ビギナーズ・クラシックス 中国の古典
加地伸行

孔子が残した言葉には、いつの時代にも共通する「人としての生きかた」の基本理念が凝縮され、現代人にも多くの知恵と勇気を与えてくれる。はじめて中国古典にふれる人に最適。中学生から読める論語入門！

李白
ビギナーズ・クラシックス 中国の古典
筧久美子

大酒を飲みながら月を愛で、鳥と遊び、自由きままに旅を続けた李白。あけっぴろげで痛快な詩は、音読すれば耳にも心地よく、多くの民衆に愛されてきた。豪快奔放に生きた詩仙・李白の、浪漫の世界に遊ぶ。

杜甫
ビギナーズ・クラシックス 中国の古典
黒川洋一

若くから各地を放浪し、現実社会を見つめ続けた杜甫。日本人に愛され、文学にも大きな影響を与え続けた「詩聖」の詩から、「兵庫行」「石壕吏」などの長編を主にたどり、情熱と繊細さに溢れた真の魅力に迫る。

易経
ビギナーズ・クラシックス 中国の古典
三浦國雄

陽と陰の二つの記号で六四通りの配列を作る易は、「主体的に読み解き未来を予測する思索的な道具」として活用されてきた。中国三〇〇〇年の知恵『易経』をコンパクトにまとめ、訳と語釈、占例をつけた決定版。

史記
ビギナーズ・クラシックス 中国の古典
福島正

司馬遷が書いた全一三〇巻におよぶ中国最初の正史が一冊でわかる入門書。「鴻門の会」「四面楚歌」で有名な項羽と劉邦の戦いや、悲劇的な英雄の生涯など、強烈な個性をもった人物たちの名場面を精選して収録。

角川ソフィア文庫ベストセラー

仰臥漫録
正岡子規

明治三四年九月、命の果てを意識した子規は、食べたもの、服用した薬、心に浮んだ俳句や短歌を書き付けて、寝たきりの自分への励みとした。生命の極限を見つめて綴る覚悟ある日常。直筆彩色画をカラー収録。

俳句への旅
森澄雄

芭蕉・蕪村から子規・虚子へ――。文人俳句・女流俳句を見渡しつつ、現代俳句までの俳句の歩みを体系的かつ実践的に描く、愛好家必読ロングセラー。戦後俳壇をリードし続けた著者による、珠玉の俳句評論。

決定版 名所で名句
鷹羽狩行

地名が季語と同じ働きをすることもある。そんな名句を全国に求め、俳句界の第一人者が名解説。旅先の地名も、住み慣れた場所の地名も、風土と結びついて句を輝かす。地名が効いた名句をたっぷり堪能できる本。

俳句歳時記 第四版増補（春、夏、秋、冬、新年）
編／角川学芸出版

的確な季語解説と、季語の本質を捉えた、古典から現代までのよりすぐりの例句により、実作を充実させる歳時記。季節ごとの分冊で持ち運びにも便利。行事一覧・忌日一覧・難読季語クイズの付いた増補版。

今はじめる人のための俳句歳時記 新版
編／角川学芸出版

現代の生活に即した、よく使われる季語と句作りの参考となる例句に絞った実践的歳時記。俳句Q&A、句会の方法に加え、古典の名句・俳句クイズ・代表句付き俳人の忌日一覧を収録。活字が大きく読みやすい！